灾害反应与应急管理实例分析

[美] 尼古拉斯·A·瓦尔奇克
保罗·E·特雷西 著

荆宇辰 闫 厉 译

中国建筑工业出版社

著作权合同登记图字：01－2016－5804 号

图书在版编目（CIP）数据

灾害反应与应急管理实例分析／(美) 尼古拉斯 · A · 瓦尔奇克，(美) 保罗 · E · 特雷西著；荆宇辰，闫厉译．—北京：中国建筑工业出版社，2017.7
ISBN 978-7-112-20521-9

Ⅰ. ①灾… Ⅱ. ①尼…②保…③荆…④闫… Ⅲ. ①灾害防治－案例 Ⅳ. ① X4

中国版本图书馆 CIP 数据核字（2017）第 048222 号

责任编辑：程素荣　张鹏伟
责任校对：王宇枢　张　颖

灾害反应与应急管理实例分析
[美] 尼古拉斯·A·瓦尔奇克　保罗·E·特雷西　著
荆宇辰　闫　厉　译
*
中国建筑工业出版社出版、发行（北京海淀三里河路9号）
各地新华书店、建筑书店经销
北京嘉泰利德公司制版
大厂回族自治县正兴印务有限公司印刷
*
开本：787×1092毫米　1/16　印张：13　字数：265千字
2017年8月第一版　2017年8月第一次印刷
定价：**52.00**元
ISBN 978-7-112-20521-9
（30215）

谨以此书献给各地第一线的救援人员，是他们每日置自身安危于不顾，帮助遭受天灾人祸之苦的受害者从危险中挣脱出来，从紧急事件中解放出来。他们在工作中崇高无私、忘我奉献，其身上所具有的专业精神值得我们向他们致以由衷的感谢。

目　录

第一部分　自然灾害

第二部分 人为灾害

第三部分 恐怖袭击和犯罪活动

第四部分 最后的思考

序　一

艾伦·巴恩斯

美国得克萨斯州冈萨雷斯市城市经理 *

我记得在我初到市政府任职不久，那是一个温暖明媚的二月午后，我一遍遍地告诫自己对于突发事件未雨绸缪是多么重要。事情是这样的，得克萨斯州铁路委员会向为我们城市供气的天然气公司发出要求，让其把所有在20世纪70年代埋设的黄色聚乙烯输气管全都弄出来换成新的。因为城市里到处都是这样的输气管，所以天然气公司并没有选择把地挖开，再把管子拖出来的方式，而是决定向地下钻孔，把新管子直接接下去。

我坐在办公室里觉得万事大吉，心情舒畅，就在这时我接到一个电话，是玛莎打来的，她是我们的办事员和电话接线员。"艾伦，我刚刚接到一位女士打来的电话，很奇怪，她说打开煤气灶后竟然从煤气灶里冒出了水。"我知道玛莎很清楚输气管里偶尔会有凝结的水滴，所以我就问她，"你告诉她那个可能是管子里凝结的水滴了吗？"而玛莎的回答却让我近乎语塞，"先生，我告诉她了。但是她说这样的冷凝水已经流到地上大概5加仑了，而且还在不停地从煤气灶里往外冒。"

显然，这家天然气公司把输气管接到了供水管。结果便是65磅每平方英尺压力下的水沿着阻力最小的路径渗进了压力只有15磅每平方英尺的中间输气线，在迅速充满输气线后又四散流向了整个输气管网。从天然气公司接到第一次相关情况的报告算起，他们花了两个多小时才搞清楚这些水是从哪里来的。而事发后的两个星期，我们城市中的绝大部分地区都无法取暖，就这样迎来了历年来最严酷的寒流。天然气公司的应急反应工作开始时做的还算不错，但却虎头蛇尾，以混乱无序收场。之后过了些日子，这家天然气公司为了尽快恢复天然气供应，竟然不顾地下铺埋的其他管线设施，大肆进行路面挖掘，这也给人手本来就不足的供水部门带来了极大的困扰。天然气公司为了恢复燃气供应，就势把供水管线连拖带扯全都带到了路面上，使供水系统也受到了损害。为情势所迫，我向天然气公司恳求不要再这么乱挖乱扯，甚至最后我威胁他们公司的一个副总裁，"如果你们再扯坏一条我的供水管线，你和我谁也跑不了，必须把它修好，可是我不知道怎么修。"我的恳求和威胁奏效了，他们重新评估了他们使用的方法，然后制定了一套我们

* "城市经理制，也叫市议会及经理制，由市民按区域选举出一个小型议会，议员通常为单数，负责制定政策及法令，批准年度预算等。再由市议会聘用一位受过专门训练且经验丰富的专家担任城市经理，全权负责城市行政管理事务。"——叶匡政：《可以论》，北京，中信出版社，2015年：204页。

城市可以接受的修复策略。这场灾难让我体会到了，面对突发事件制定出一套相得益彰的策略方案是多么有必要。

而事态的整个发展过程也让我从中吸取了教训，我并没有做到为公民提供尽善尽美的服务，我原本应当做到事无巨细，考虑周全的。所以从那一天起，我告诉自己再也不打无准备之战。

尼古拉斯·瓦尔奇克和保罗·特雷西两位教授在这本书中汇集了众多研究实例。这些研究实例有助于现今和以后的政府管理者们认识到提前作好准备的重要性，因为谁也不知道你接到的下一个电话是关于什么内容的。对于书中场景中出现的一些人物，读者会从他们在应对突发事件的所思所想中收获到新的认识。因为通过这本书，读者会知晓在大多数情况下这些人物做了些什么以及他们为什么要这样做。无论好决策坏决策孰优孰劣，你都已经对采取策略应对突发事件的价值有了一些有益的认识。读者也可以评价政府和政府官员在突发事态中的表现。只记事实，不予评价，这本书可以使读者置身于官员之位，重新审视那些灾难。瓦尔奇克和特雷西教授不偏不倚，向学生和政府官员阐明了同样的道理，制定出的应急方案就算无可挑剔也阻挡不了突发事件的发生，但是这样的一个方案却可以让你有所准备。

对于超出应急方案之外，不断出现的众多事件，你又会对这些看似殊途同归，实则发展各有不同，出乎预料的突发事件多一分了解。读者将会看到每一次事件都有它自己有血有肉的发展过程，每一个做出的决策都会或悲或喜左右事态的结果。

在政府为公民服务的过程中，什么事情都可以发生，什么事情都可能发生。瓦尔奇克和特雷西教授广泛选取研究实例，帮助读者准备去接那个他们最不想接的电话。现在如果你不介意，我必须去接电话了，电话响了！

序　二

特德·贝纳维兹
美国得克萨斯大学达拉斯分校驻校行政学者

七年前我非常高兴来到得克萨斯大学达拉斯分校（University of Texas at Dallas，UTD）加入到各位同仁的行列，并成为学校公共事务专业的其中一员。在我抵达学校后不出几日，我就非常幸运地有机会与两位才华横溢的学者尼克和保罗会面。他们与我和其他同事分享了他们关于应急管理的丰富信息。35 年多的时光，州以及联邦各级公共服务经历让我一直置身于各种应急管控的情况之中。对于应对这本书中涉及的各种应急管控和灾害的经验和知识，一名公务人员是不可能做到样样具备的。尽管经过培训的公务人员知道如何应对每天发生的公共安全紧急事件，但对于大多数公务人员来说理解应急管控和灾害的所有观点仍然是一个挑战，卡特里娜飓风便可为证。所以有必要通过分析研究案例，帮助人们构建起技术性概念和现实生活状况间的桥梁。

在阅读尼克和保罗的《灾害反应与应急管理实例分析》过程中，我对社会需要素质更加全面的管理者这一观点有了一个全新的认识。管理者不仅应该是一个具备专业理论知识的学者，而且应该熟悉应急管控专家在应对各类灾害时需要什么。尼克和保罗创作的这本书极具诚意，兼顾知识性和互动性。这本书可以填补你在应急管控和灾前准备领域上的任何知识空白。但是，就像这本书所说，应急管控和灾害每天都在发生，它们又会给我们带来新的启示，所以我们应该认识到把当前情况和最近趋势结合在一起对于公共服务环境的优化会起到至关重要的作用。

本书选取的研究实例和采用的编排形式将会让我们汲取到新的营养，知晓面对和处理各种情况的方法。针对如何处理极端困难的情况，如何与公众保持联系，如何让你的组织在紧急事态中保持自身的优势，这些问题，尼克和保罗都罗列出了相应的对策和建议。本书同样可以帮助那些试图使选区选民免遭天灾人祸之苦的公务人员未雨绸缪。我的这两位同事在分析每个独特实例时采用的文章结构形式，意在确保我们可以把每一个实例的经验教训和灾前准备领域的新思路，运用到解决工作中可能遇到的应急管控的挑战上面。

我希望在我遇到紧急事件或灾害的时候，尼克和保罗可以成为我的副驾驶员为我保驾护航。我将会把这本书置于案头，时常翻阅参考。我相信用不了多长时间，这本书就会被我翻得卷角折页，所以我强烈建议，下次你遇到紧急事件和灾害时，要不把这本书复印一份，要不把这本书下载到你的电子设备上面。

前　言

“9·11”恐怖袭击最深远的影响之一，便是政府公共政策急剧向保卫家园，专注由自然灾害、恐怖主义或是犯罪活动引发的政府应急反应上倾斜。“9·11”恐怖袭击后政府最为显著的变化便是依据2002年颁布的国土安全法（Homeland Security，2011）成立了国土安全部。这个内阁级别的新部委是由联邦22个部委和机构的部分或全部职能部门重新组建而成（Homeland Security，2011）。成立这样一个兼顾国土安全与法律执行的综合机构，意在通过各功能领域提升通信和情报搜集能力。自卡特里娜飓风开始，国土安全部也开始对自然灾害反应负有领导责任。这个新部委是否或多大程度上能够处理内容如此广泛的问题还有待时间的检验（如在自然灾害中疏散公民那样庞杂的执法事务）。

在大多数情况下，政府官员没有机会亲眼目睹那些需要作出关键决策的生死攸关的惨烈场面。但是如果其对之前发生的情况有一个清醒的认识，那么当需要作出关键决策时，一个更为优化更富有各方依据的决策过程便是水到渠成的了。以上说法看似好像是反对直观感受，主张面对现今挑战要以史为鉴，但是现在发生一次紧急事件可以造成电力供应中断，可以引发公共交通失灵，因此我们也是在重新创造与过去历史事件不分伯仲的新情况。2003年美国东北部地区大停电便是一个很好的例子，政府官员在这次停电事故中不得不抛开现代文明的产物来应对危机。所以说不时回顾一下史实和过去的灾害反应方案，对行政官员顺利制定出应对当下危机的预案极有裨益。前方总会有新的挑战，但是过去的紧急事件也有可能在未来再次不期而遇。政府官员可以对以往紧急事件中作出的决定发表看法，并思考如果未来遇到相似的情况，他们到时会怎样做。

这本囊括了各种研究实例的书，旨在让政府官员能够对过去真实发生过的紧急事件发表自己的看法。答案无分正误，选择没有对错，只是结果会大相径庭，或是问题迎刃而解，或是使情况雪上加霜。这本书在每个研究实例里都从不同角度提出了几个一般性问题，让求学者和从业者都可以自己评价哪个决策是有效决策，为什么它是有效决策。书中出现的实例按事件发生的先后时间顺序编排，但是文本内容从头至尾并没有揭露这些历史事件的真实解决方法。书中有一些研究实例与依托的历史事件若即若离，意图让

实例更加贴近当下 [比如动物磁性（animal magnetism）实例研究 *]，并指导读者，赋予角色更加广泛的制定决策的能力。我们都知道能够改善状况的不只有唯一选择，但是这本书的通篇行文是为了帮助政府官员理解如何对事件做出反应以及哪些问题是需要思考或深思的。

或许对于读者来说品评过去政府官员作出的决策轻松容易。但是读者必须认识到行政官员在危机之下，在应对突发状况的有限权力之中所承受的政治压力。与历史上那些政府官员不同，读者无需在压力下作出决策。每个研究实例的决策制定过程都会给读者一个在现实世界中实为有效的测试急救管理技术的应用场所。我们打算把这本书作为公共管理课程和应急管理课程的实践教材，同时借其为政府官员提供应急管理的指导。

* 动物磁性实例研究意指本书后文中出现的 1916 年美国新泽西州大白鲨袭人事件，原文有误。——译者注

致　谢

我首先要感谢在我写作此书的过程中所有给予我帮助的人。我要感谢得克萨斯大学达拉斯分校公共事务专业前学科负责人道格·沃特森博士，是他给了我在公共事务专业讲授应急管控课程的机会。在为教授这门课程而进行准备的过程中，我突然萌生出一个想法，想要构思完成一本实例研究类的书籍。这本酝酿中的书将会为学生和管理人员提供真实发生过的灾害实例，并让他们能够对灾情进行分析。我要感谢本书的另一位作者保罗·特雷西，感谢他为本书作出的杰出贡献。是他依靠洞察力和对内容的反复修订才让本书能够呈现出现在的模样。我也要感谢我以前的学生克里斯滕·卡雷拉和杰西卡·辛普森帮助我审阅手稿，还有我的同事特德·贝纳维兹，他提供的真知灼见对于本书的构思框架大有裨益。我也要感谢来自越南的研究生武兴为搜集研究材料所提供的额外支持。我还要向安德里亚·斯蒂格登致谢，感谢其为本书提供了精美的封面设计，并承担了编辑校对本书的枯燥工作。我还最要感谢我的朋友，家庭以及我的妻子克里斯蒂，我做出的每一分努力都得到了他们的关爱和支持。

尼古拉斯·A·瓦尔奇克

我要感谢尼古拉斯·瓦尔奇克。他是本书的第一作者，也是从最初就着手于该写作计划的主要推动者。尼克一直在对构成本书实例研究内容的 58 次灾害和紧急事件的事发背景进行孜孜不倦的研究。

保罗·E·特雷西

关于作者

尼古拉斯·A·瓦尔奇克现在以战略规划和分析办公室（Office of Strategic Planning and Analysis）副主任的身份在得克萨斯大学达拉斯分校工作，同时其还身兼该校公共事务专业的实践助理教授（clinical assistant professor）一职。* 瓦尔奇克于2005年获得克萨斯大学达拉斯分校公共事务专业博士学位，于1996年获该校公共事务专业硕士学位，于1994年获该校跨学科研究专业学士学位，同年早些时候获科林县社区学院（Collin County Community College）政治学副学士学位。

瓦尔奇克在1997年之前曾在多个城市的不同政府部门任职，也曾供职于北电网络公司（Northern Telecom Networks Corporation，简称Nortel）。在2011年，瓦尔奇克与特德·贝纳维兹合著的《公共经理人人力资源管控实训：一种实例研究方法》（Practical Human Resources Management for Public Managers: A Case Study Approach）由泰勒和弗朗西斯集团（Taylor & Francis Group）出版发行。在2011年之前，梅林出版社（Mellen Press）于2006年出版发行了瓦尔奇克写作的《联邦新导则下的大学校园生物危险品管控》（Regulating the Use of Biological Hazardous Materials in Universities: Complying with the New Federal Guidelines）。瓦尔奇克除撰写有大量以机构研究和国土安全为主题的文章和图书章节，还承担了《教育机构研究新方向》（New Directions for Institutional Research）其中三卷的编辑工作（第135卷，140卷和146卷）。瓦尔奇克既是一名研究人员，也是一名职业从业者，双重的身份背景让其擅长的领域范围很是广泛：高等教育、信息技术、人力资源、国土安全、组织行为以及应急管控都在其研究内容之列。

---

* 尼古拉斯·A·瓦尔奇克于2013年受聘于西弗吉尼亚大学，现任该校教育机构研究（Institutional Research）主任。

保罗·E·特雷西拥有宾夕法尼亚大学沃顿学院（Wharton School）授予的社会学 / 犯罪学博士学位。他是一位犯罪学家，专门研究成人和青少年犯罪以及刑事司法和未成年人审判体系中的政策演变。他在马萨诸塞大学洛威尔分校（University of Massachusetts at Lowell）刑事司法和犯罪学系担任教职，是一名教授犯罪学和刑事司法的教授。他同时也是研究生教学工作的负责人。特雷西的研究兴趣主要集中于对未成年人犯罪生涯的评估与分析，未成年人审判的法律与政策问题，犯罪生涯模型模拟预测以及禁毒政策。他在研究青少年和成人犯罪生涯的过程中采用了纵向的研究设计思路，这也让他在这一领域成为了知名专家。他在研究美国费城新生儿出生大潮时，选取了 27160 名研究对象，这是至今进行过的规模最大的青少年和成人犯罪研究。该项研究现在已经进行了 34 年。此外，首个大范围青少年犯罪研究项目也是由他在波多黎各负责推动的。特雷西博士现在一般讲授两门研究生课程，分别是方法论和数据分析。

第 1 章

给政府官员和行政管理者的导引和基本信息

紧急事件或灾害反应情况中需要考虑的重要问题

实例分析的选取和灾害反应的历史

本书中分析实例的选取标准主要基于以下三个因素。首先，要选择对当今灾害反应和应急管控的发展有影响的分析实例。像 1970 年美国尼亚加拉大瀑布拉芙运河（Love Canal）化学垃圾污染事件，这样的分析实例之所以被收入本书，是因为它们对引入可以阻止灾害再次发生的新法规有着强力的影响。其次。要选择危害巨大的分析实例，比如“9·11”恐怖袭击事件，1966 年美国得克萨斯大学奥斯汀分校查尔斯·怀特曼（Charles Whitman）枪击案，以及 1995 年日本东京奥姆真理教地铁沙林毒气攻击事件。再次，要选择灾害特性与复杂性独特的实例。这些发生过的事件给政府管理者带来的挑战都是独一无二的，考验着他们成功解决事件的能力。诸如 1916 年美国新泽西州大白鲨袭人事件，1979 年美国宾夕法尼亚州三里岛（Three Mile Island）核反应堆事故以及 1906 年美国旧金山大地震，就是把这样的挑战摆在了公共管理者的面前。

纵览灾害反应的历史，美国联邦、州以及地方各级政府一直试图通过颁布法规条例来阻止灾害的发生或是缓解灾害造成的影响。但如果政府管理者对过去的历史视而不见，抑或是变本加厉，对惨痛的教训置若罔闻，那么很不幸，历史很有可能重新上演。在这些情况中，政府管理者不是松懈于维护建筑条例的权威，就是懈怠于彻底落实现有法规条例的工作。对于收录进本书的每一个灾害实例，都会就每一次灾害的每一阶段提出可以投入应用或是可以考虑的可能解决方法，有些时候这些解决方法与灾害中真实发生的情况也不尽相同。在每一个研究实例最后，将有文本按如下内容对其予以总结：（1）研究实例的失败之处；（2）失败之处造成的后果；（3）产生的影响；（4）补充说明。

灾害反应的基本框架和所需资源

毫无疑问，政府官员和管理者不仅必须一直对紧急情况予以关注，也需要对由紧急事件衍生出的诸多灾害反应的问题有策略上的认识。想要获得公众的信任就要达到此番勤政的程度。因为很不幸，无论何时何地任何社区，人们都会面临紧急情况，通常会对社区，尤其是具体的政府机构产生消极的影响。而造成紧急情况出现的原因各有不同：（1）诸如飓风、龙卷风、火灾、地震以及洪水的自然灾害；（2）包括核电站事故，化学品泄漏事故或是其他工业事件的工业事故；（3）恐怖活动；（4）纵火、枪击等犯罪活动。无论事出何因，这些突发事件都对公民的健康和生命安全以及社区的基础设施造成了严重的威胁。能否成功应对这些情况意味着公民的生死之别，基础设施的保存和毁灭之别。如佩罗所言：

> 美国近几十年来，自然因素导致的灾害，工业技术因素导致的灾害以及像恐怖主义这样的人为蓄意因素导致的灾害，在数量上都呈上升趋势，丝毫没有减少的迹象。预测到的极端天气变多；低级别的工业事故持续发生，造成的威胁也不断增大；网络攻击对我们“重要基础设施”造成的威胁正在变得愈发明朗；外国的恐怖分子从未放松，我们一直在担惊受怕中等候他们下一次的袭击（Perrow，2007，p.1）。

尽管发生的紧急事件各不相同，但我们还是可以从这些过去事件的影响中汲取重要的教训，学习到解决事件的各种方法，引导政府官员和管理者们做出健全有效合理的决策，阻止或是至少缓解灾害造成的伤亡和破坏。对于一些紧急情况来说，没有十全十美的成功策略可以实施。虽然是这样，但必要的策略或许可以缓解可能对社区造成的伤害和破坏，引导决策的制定。

本书的研究实例中描述的一些组织机构也是首次经历某些紧急事件（如“9·11”恐怖袭击中恐怖分子用劫持的飞机作为武器）。从这些过去的经验中，政府官员和管理者现在知道了各种可能性都是存在的，这会让他们更重视准备好对各种可能出现的紧急事件做出应急反应。从历史事件中获取的先前经验和解决这些事件的方法，为当下社会提供了一目了然的经验优势和借鉴——这一优势是前人在应对紧急事件时所不具备的。为了充分利用这一优势，在下面的议题中将会提出政府官员或管理者应该在应对紧急事件时考虑的基本问题。

基本框架

行动方案

政府官员或管理者应该考虑在发生紧急事件时如何积极应对，把方案落到实处。如瑞克斯（Ricks），蒂利特（Tillett）和范·米特（Van Meter）所言：

> 在制定方案阻止自然或其他人为紧急事件对居民生命或财产造成危害这件事上，只有一点可以确定，那就是世界上不存在完全不受各种形式的危险侵扰的

> 地方。人们可以辨别出各种潜在的危险，然后采取措施降低暴露自身或是遭到攻击的风险；但是，方案周详、准备充分或许就可以阻止危险情况恶化为一场灾难（Ricks，Tillett and Van Meter，1994，p.329）。

如果一些组织机构已知有某些威胁可能会对特定社区造成影响（如沿海区域的飓风），那么就需要准备好相关的行动方案。当然，应对自然灾害方案的重要性也不应被夸大：

> 在美国，自然灾害确实在一些地方比其他一些区域更为常见……大多数将会发生的自然灾害都可以在一定程度上依靠现代技术预测出来。自然灾害经常会在发生数天前就对人们有所警示，并显示出即将发生的灾害可能具有的破坏强度有多大的迹象。但是，自然灾害也可以毫无预兆地袭来，正是在这样的时刻，提前制定方案和充分及时的反应能力就变得最为重要了（Ricks，Tillett and Van Meter，1994，p.66）。

在某一组织机构制定行动方案的时候，该组织机构应在各方案中考虑到紧急事件各关键方面的诸多因素。

首先，一份行动方案应该以实际有哪些在发生危机时可能为我所用的人员与物资清单为基础。如有可能（或是可用），一些组织机构可以使用像地理信息系统（GIS）这样的关键软件工具来准备减灾方案，或是在有可能发生自然灾害时制定出灾害管控方案（Greene，2002）。制定好这些方案后，对于可能袭击社区的自然灾害，组织实体就有能力有效针对事件进行准备了。有一件事需要政府官员铭记于心：方案最初制定时社区有支持资源可以使用，并不意味着这些支持资源在之后的时间里也一定可以使用。因此，如果已知存有某种威胁，那么对行动方案进行常规性提升，并时常更新有哪些可供使用的人员与物资清单就很重要了。

其次，一份行动方案中，也应该列出组织机构在应对某一种威胁时可能存在的种种不足。比如，如果有一个社区建在了洪泛平原上，那么这个社区的许多关键设施（医院，学校等）就有可能出现洪水泛滥的情况。为了缓解像这样的紧急事件可能带来的影响，如果有类似地理信息系统这样的技术手段可以使用的话，公共管理者们理应对其加以利用。

> 如托马斯（Thomas），埃尔图加伊（Ertugay）和科美克（Kemec）参照空间决策支持系统（Spatial Decision Support Systems，SDSS）所言，对于灾害的空间决策支持系统而言，极为必要的协作方面的等级和场景搭建方面的等级可能现在看上去还是有些超前，但是使用起来愈发便利，正在让这一支持灾害管控，降低

灾害损失的复合系统比起以往任何时候都更有可能实现（Tung & Siva，2001），（Rodriguez，Quarantelli and Dynes，2007，p.86）。

因此，一份行动方案应该解决的问题是如果暴雨袭来，某些设施遭到洪水的威胁，公共管理者们计划采取的行动有哪些。另外，如果医院被水浸泡，管理者将要如何应对并为病患提供医疗服务？如果监狱受到洪水威胁，管理者又将如何安置犯人？管理者将需要针对各类问题准备好各自的答案，顺利解决各种问题。很显然，在制定行动方案的过程中有许多影响因素，其中就包括了管理者享有的权力级别的高低或是权威性的大小。现将此方面的相关问题列举如下：

- 可以使用哪些资源？
- 可以联络哪些人？
- 什么是干预的范围？
- 需要解决哪些类型的威胁？
- 组织机构有哪些主要的弱点？

再次，需要随着紧急事件的发展预先制定或是完善行动方案。一名公共管理者特别需要做好随着事件的展开调整自己的行动方案的准备。因为情况在特定事件的发展过程中不断发生变化，无法预测其接下来的发展轨迹，所以方案也就不应该总是一成不变丝毫没有变通的了。因此，可以说紧急事件的发展是动态的、不稳定的，管理者不应该仅仅因为“原本方案即是如此”就严格遵循方案的内容。一个有效的方案应该是具有动态特点的方案，能够让各种策略得到灵活施展。

通信联络方案

应急准备工作不仅需要有行动方案，还需要有另一个至关重要的组成部分——全面的通信联络方案。道理很简单，没有适合的通信联络，应急反应团队就不能有效彻底地对在实施行动方案中的重大风险进行管控，抑或根本无法实施方案。如约翰·H.索伦森（John H.Sorensen）和芭芭拉·沃格特·索伦森（Barbara Vogt Sorensen）所言：

预警系统的完善过程既是工程上的，也是组织上的。预警系统不仅仅是一种技术——它还包括了人与人之间的通信联络、管控以及决策。

此外，通信联络方案应该包括解决发展变化的情况的内容，获得支持和资源来帮助行动方案的实施。通信联络方案经常可以用来向公众通知重要信息并向公众做出重要说明，这对于公共管理者的行动方案得以成功实施将是至关重要的功能内容。

通信联络方案不仅应该包括公共管理者需要接发的信息，也应包括这些信息如何实现接发的机制。在某些紧急事件中人们或许并不可能有条件使用现代的设备或是便捷的方法来与其他的组织实体进行联络。所以，这需要公共管理者找到其他尽可能及时且清晰的收发信息的方法。比如，如果无法使用电信网络，公共管理者或许就必须依靠短波无线电广播播报员甚至是通信员来实现各方之间的通信沟通。当与其他官员、公众或是其他组织机构沟通时，公共领域官员应该知道如何才能清楚准确地把他们的意图传达给对方。良好的书面表达能力和口头表达能力都是重要的沟通技能，也都对公共管理者和官员在试图实施行动方案时非常重要。

管理者需要能够有效管控媒体。在记者们找寻信息向公众传播时，管理者可以借此机会召集这些可能在危机时期有所需要的资源。管理者需要运用各种不同的策略来应对像美国俄克拉荷马城大爆炸这样的地方灾害和卡特里娜飓风（Hurricane Katrina）这样的大型区域性灾害。以上两种类别的危机都会由媒体进行报道，但是在对地方灾害作出反应的过程中,管理者需要意识到媒体对于正在进行的灾害反应具有潜在的消极影响。比如，如果可以用来逮捕杀人犯的线索由媒体披露出来，那么这可能会阻碍法律在抓捕或审判罪犯时的执行力。而对于大型区域性的灾害反应过程，由于灾害同样也会对记者造成威胁（即洪水等），媒体可能就没有能力深入受灾区域的某些部分。大规模的灾害反应过程将需要管理者筹划好使用媒体的方法，让它们能够对紧急情况有所裨益，通过报道来要求获得资源上的援助。

应急反应方案

所有公共组织机构都应制定应急反应方案，来为应对不同形式的危机提供最低限度的应对框架。如果某些组织机构有可能被一些已知的威胁影响（即火灾、骚乱等），那么这些机构的应急反应方案应该制定得更加具体。人们应该能够在危机时期通过应急行动方案找到哪些资源能为组织机构所用，由外部输送来的资源又可以在哪里得到汇集。居民疏散方案或用水上运输都是在应急反应方案中应该解决的细节内容。应急反应方案应该包含各种应变计划来应对通信失灵、电力中断、医疗援助缺乏或是急需额外设施的情况。应变计划减少了需要考虑的因素，管理者只有少量的因素需要考虑。应急反应方案应该在组织机构内广泛传播，让人在危机时期更易使用这些方案应对危机。

提供支持资源

公共管理者和官员应该认识到，在危机时期关键资源对于快速解决事件是极为重要的。公共管理者和官员在制定行动方案时应该考虑到的资源种类如下：人力资源、食物和水、医疗物资和相关资源、法律执行机关、专业设备支持、电力和燃料、交通运输、罹难者遗体存放设施、流离失所者的支持资源、应急设施、资金来源以及通信联络。

人力资源

不论是需要一名秘书还是需要许多名工程师，在灾害反应的过程中管理者几乎一直需要人力资源。管理者要记住从事体力劳动、没有技术的劳动力比专业人员更容易调动，比如，公共机构的计算机程序员需要查明危机发生时需要哪些技术以及可以迅速得到哪些技术。再比如发生洪水时，重要任务之一是装填和累筑沙袋，阻止洪水流入社区。一般来说像此类活动需要的是社区中非技术性的志愿者们。而像加固受损堤坝这样的其他情况，可能就需要来自诸如美国陆军工程兵团（Army Corps of Engineers）这样专于某类工程作业的专业组织的援助。如果受灾社区地处偏远或是缺乏充足的基础设施，那么则需要将专业人员运到受灾区域，有时运送过程可谓长途跋涉。一个可能需要外部援助的组织机构，特别是当其需要对于像洪水、龙卷风或飓风这样持续威胁着当地安全的援助时，需要在组织机构的行动方案中把物流运输的问题解决清楚。对于专业人员来说，各组织机构联系信息（名称，电话，电子邮箱）都应发送给直接负责灾害反应管控的工作人员。提前与这些组织机构建立起反应协议，让其在紧急事件发生时预先互相取得联系。如果有组织机构希望能在紧急事件中得到大众的援助，那么有关志愿者在哪里集合，志愿者应该向谁汇报的信息则必须出现在公告上、报纸上以及机构的网站上。

食物和水

人想要生存，水是最为重要的资源。不论对于医疗救治、卫生管控、还是灭火作业，水都是极其必要的。美国联邦紧急事件管理局（Federal Emergency Management Agency，FEMA）就在文件中提及了让人们存储水源来应对潜在危机的重要性：

> 你应该存有至少足够使用三天时间的生活用水，每人每天至少应该存有一加仑的水。一个正常活动的人每天仅补充水分就要喝掉1.5加仑的水。此外，在判断储存水量是否充足时，请考虑以下因素：（1）基于年龄、身体状况、活动量、饮食以及气候的个人需求差异；（2）儿童、哺乳期母亲以及病患需要更多的水；（3）需水量在炎热气温下翻倍；（4）应急医疗服务可能需要额外的水资源（FEMA，2010）。

备有冰块防止食物变质和某些药物（比如胰岛素）失效也极为重要。公共领域官员将需要确保尽管在基础设施受到损毁或是地方供水遭到污染的情况下依然有可靠的充足供水可以运送到一线救援反应人员和市民手中。就算社区的食物供应不能马上到位，市民私人存水与公共领域官员主导的集中存储水源相辅相成也可以增加社区居民的生还概率。

尽管在发生灾害时，水可能是手头上最需要的东西，但是食物也同样是重要的资源。如果一个组织机构在一场像飓风这样显著的自然灾害中没有准备应急食物配给，那么公民就会面临饥饿问题或是因食用变质或受污染食物而染上疾病。在美国，应急食物可以从经过事先包装无需冷藏的军用储备配给中获取。其他潜在的食物来源包括地方食品杂货商店和食品供应站（确保首先与这些组织机构签订好协议）。在灾害发生前管理者将需要通知公民——并在灾害发生后提醒公民——前往哪里集合可以得到食物以及食物将会怎样分发。这一措施将会帮助阻止公民为求生存而诉诸抢劫的手段。

医疗物资和相关资源

自然灾害发生时人们对于医疗物资和相关资源的需求量很高。公共机构需要查明如何才能获得训练有素的医疗人员，充足的医疗物资以及医院设施。找到像学校或是社区中心这样具有足够容纳能力且分布广泛的公共设施，这些设施很容易就可以转变成临时医疗场所。进一步来说，如果地方公共设施遭到摧毁或是不能满足社区需求，要就这种可能性制定方案将病患运送到有合适医疗设施的地方。如果灾害是由使用了生物病毒、化学物质或是放射元素的恐怖袭击所致，那么地方医疗资源可能就不具备解决袭击产生后果的专业技能了。如福肯瑞斯、纽曼和塞耶所言：

> 使用流行病监控系统来减少生物武器攻击对社会造成的影响实则全无价值。减少生化武器攻击造成的影响需要依靠的是，在没有预警的情况下医疗系统有效开展医疗反应的能力。如下所述，针对生物武器攻击的医疗反应需要的是数量充足种类适当的药品，训练有素分发药品的工作人员以及高度戒备的机动系统。尽管美国的医疗系统在整体上能力等级很高，但是在用来应对大量生物灾害的关键设备和物资储备上还是存有很大的缺口（Falkenrath，Newman and Thayer，1998，p.296）。

如果要把病患疏散至医疗设施条件更好的地方，那么就要在行动方案中就交通运输的问题予以解决。政府官员需要查看除了救护车之外还有哪些资源可以为他们所用，比如学校校车、城市公交车、火车、直升机以及飞机。在评估可以转变成医疗设施的公共设施时，应该考虑以下几点因素：

1. 设施是否有放置医院病床的充足空间？
2. 设施所在位置是否安全（即在灾害区域之外，远离河流）？

3. 设施是否有应急发电设备？

4. 设施是否可以为医疗设备提供方便（比如发电量、储冰量）？

5. 设施是否容易到达？

6. 设施是否可以为医疗运输提供方便（比如宽敞的大门、装卸码头、直升机停机坪、公交车停车场）？

7. 设施是否有自来水管线和排污管线？

8. 设施是否配有空调设备？

9. 设施是否光线充足？

尽管以上提出的这些问题并不全面，但也可以为政府官员在决定医疗人员有效开展工作时可能需要哪些资源，提供一个指导性的基本框架。为了获得医疗物资和材料，政府官员可以关注一些可能提供相关可用物资的物资来源，比如医院、医生诊所、药房、公立学校以及高等教育机构。

法律执行机关

投机者可能会在社会陷入无序状态时跃跃欲试。为了保护公民免受投机者所作所为的侵害，法律执行机关就变得非常重要了。除去保护公民，法律执行机关也充当了紧急事件或灾害情况下一线救援反应者的角色，这对于解决像劫持人质事件这样容易恶化的问题很是重要。法律执行机关常备有许多贵重的支持资源，如通信设施，适应全地形的机动车辆，安全设施以及地理信息系统等可以绘制公共设施地图、组织灾害管控、发现疏散路线的专业软件（Thomas，Ertugay and Kemec，2007）。如果地方公安部门没有与能够解决重大灾害相对应的训练和充足物资，那么必须把州或县法律执行机关纳入到行动方案中来。如果不能在灾害反应方案中融入充足的保障安全的内容，就会导致受灾地区陷入混乱，就像人们在卡特里娜飓风和其后即刻显现的后果中所看到的一样（Gold，2005）。

专业设备支持

某些类型的紧急事件需要专业设备或是支持服务，让一线救援人员能够有效控制灾害或是为生还者提供应急服务。像地理信息系统这样的技术经常可以用来为决策者在灾害发生时提供极有价值的支持。如国家应急管控协会（National Emergency Management Association）前会长罗伊·普瑞斯（Roy C. Price）所言：

> 地理信息系统是有效支持应急管控需求的最佳方法。受紧急危机事件影响的不仅仅是人和设施；还有环境、牲畜、海洋食物储备以及社会经济的紊乱程度。

地理信息系统为大批不同的组织机构和政府机构提供了全方位参加各级政府应急管控活动的方法（Greene，2002，p.x）。

在某些灾害中可能需要挖掘设备、良好的勘探设备、重型起重机械、探地雷达以及其他类型的挖掘设备，比如在地震中或是在恐怖袭击中（美国俄克拉荷马城大爆炸）。其他灾害则需要更加专业的支持，比如潜水员从 1939 年美国潜艇角鲨号（USS Squalus）这样的事故潜艇中救出生还者，或是 1986 年挑战者号航天飞机爆炸坠入大西洋（NASA，2011；Sullivan，2009）。专业设备经常难于获得，也难于运输。因此，政府官员首先要确定的是需要用什么来对灾害快速作出反应，然后制定出把这些资源运送到可以最大限度为一线救援人员提供便利的地方的方案。如果获得专业设备的速度不能做到足够迅速，生还者就会在救援行动开始前就面临死亡的威胁 [即库尔斯克号潜艇（Kursk）]。

电力和燃料

确保在危机时期有电力或燃料形式的能量来源可以使用，是非常重要的事情。如果电网整体失灵，则要找到其他发电方法。如麦考利在谈及关键基础设施（critical infrastructure，CI）所言：

关键基础设施是如此之重要，如此之基础，但大多数人却认为其理所应当具有重要性和基础性，这对关键基础设施而言可以说是一种讽刺。关键基础设施在我们的一生中都在运行，其罕有状况发生，就算发生问题持续的时间也不会太久。关键基础设施被设计成具有高度可靠性的特点，让人们打算将其设想为我们的生命，生活方式和商业活动弹性模式的一部分。关键基础设施是一种假定，是一种设想（Macaulay，2009，p.1）。

没有电力供应，一线救援人员使用的许多工具和资源就无法发挥它们的作用。尽管机动车辆和电池供电设备可能并不会受到电网故障的影响，但是照明灯具、电视以及电脑将会变得无法使用。依靠有线电视或是工作人员通过电子邮件互相协作来播报紧急事件的行动方案都会失效。政府官员和应急管控协调人员应该准备有一系列有关如何储存能源或是如何使用不依靠中央发电站的支持资源的备用方案。其他的电力来源则可以选择非常普遍的便携式发电机或是有所创新的风轮机和太阳能板。政府官员应该计划储存或是获取燃料供应，使发电机、机动车辆以及像链锯这样的废墟清理设备得以运转。在危机时期，由于公民会各取所需用作私用，燃料可能会很快成为稀缺资源。理想条件下，公共组织机构应该储存有足够燃料供灾害中急用，也应提前安排好采用什么方法可以更加迅速地获得燃料。如果需要进行疏散，那么公共组织实体则需要确保燃料充足，公民不会在疏散过程中因燃料不足而滞留[比如丽塔飓风（Hurricane Rita）]。

交通运输

在灾害中，公共组织机构必须确保有可靠的交通运输可以用来疏散公民，提供救护车服务，运送一线救援人员以及提供设备和支持资源上的机动支持。在卡特里娜飓风灾害中，那些赤贫或是身体虚弱的公民难以自行进行疏散，而提供给他们的公共交通服务又不足以满足疏散需求，导致了许多公民在飓风和之后发生的洪灾中被困在了新奥尔良（Chen，2010）。本可以供疏散之用的学校校车并没有在灾害中得到动用或是保护。如兰迪所言：

> 没有私家车的人、残疾人、老人以及因无车可租而滞留的游客，新奥尔良地方政府没有为这些没有能力自行疏散的人们做好安排。而学校的校车也因为没有转移到高地而无法使用（Landy，2008，p.S188）。

如果妥善使用了这些交通运输资源，原本可能有更多的公民在飓风袭击城市前从城市疏散到更安全的地方。

罹难者遗体存放设施

无论政府官员是否愿意，他们都必须找到收容或是处理人畜尸体的合适方法，并制定出方案。为了阻止传染病和疾病的传播以及饮用水受到污染，一份防灾行动方案需要包括如何搜寻尸体、收容尸体、辨别尸体以及处理尸体的内容。政府官员的首要任务应该是先解决生还者的问题，要为他们提供饮食或是医疗物资；然后再以谨慎的方式及时处理罹难者的问题，这是理所应当的处理顺序。但在现实中受害者的问题也同时需要予以解决。而且其还牵扯出许多相关的其他问题。首先，用于收容尸体的设施要具有制冷能力或要远离应急避难所，阻止疾病传播和对生者心理造成创伤。必须找到具备以上条件的设施才能作为尸体收容场所。其次，必须避免在水域附近存放尸体，因为如若照此做，会污染食物（鱼）和水源的应急来源。再次，必须准备好充足的存尸袋——这将为接下来的尸体辨认工作创造便利。最后，除有极端情况，不要在救灾中就急于将罹难者遗体下葬或火化。管理者也应该铭记于心，搜寻生还者比搜寻遇难者遗体的优先级别高得多（Eberwine，2005）。世界卫生组织建议将空旷的设施作为可以安全存放尸体，提供查验桌台和充足采光照明的临时停尸房（World Health Organization，2012）。

流离失所者的支持资源

公共管理者需要决定把疏散者安置在哪里，以及疏散者流离失所的时间将会有多长。社区是否有能够长期安置疏散者的资源？哪些设施可以用于短期安置，哪些又可以用于长期安置？异地临时安置或永久安置流离失所者的资金来源有哪些？其他公共组织实体或是非营利性组织机构能不能帮助安置流离失所的人们？以上这些只是管理者在解决流离失所者各种需求时需要扪心自问的一部分问题。

应急设施

政府官员应该制定出一份应急行动方案，通过方案找到在发生灾害的时候有哪些设施可以使用。以下列出了管理者应该提出的一些问题：

1. 设施有多大规模？
2. 设施有多大容量？
3. 设施是否有应急发电装置？
4. 设施是否有自来水和排污管线？
5. 设施是否有能力成为躲避龙卷风或飓风的坚固避难所？
6. 设施是否适合作为指挥站？
7. 设施是否拥有现代的电子通信设备？
8. 设施是否拥有货物装卸场地？
9. 现场是否有厨房或是医疗设施？
10. 设施位置是否靠近主要高速公路或交通枢纽？

过去公共管理者经常把原本没有打算供灾时使用的设施转变为应急场所，比如卡特里娜飓风灾害中用于收容疏散者的超级穹顶体育场（Superdome），或是 1947 年美国得克萨斯城货轮爆炸事故中，将学校体育馆作为临时停尸房（Moore Memorial Public Library，2007）。面对像龙卷风这样的威胁，居民经常会把避难所建在他们的家中或是靠近他们住房的地方。比如，在美国俄克拉荷马州的塔尔萨（Tulsa），这座城市和得克萨斯理工大学共同将在家中修建安全房的倡议付诸实践，论证了其可行性并进行施工修建（Bullock，Haddow and Haddow，2009）。由于有的设施可能并不具备应对灾害的公共属性，有的设施则配备完善足以应对灾害，所以公共管理者应该对管辖范围内的所有设施进行检查，判断它们是否有可能供灾时使用。

资金来源

显然应对各类灾害要投入高昂的费用，而且除非在应对某种灾害（即飓风）上某一组织机构有丰富的经验，其他情况下人们想要在灾害管控上有充足的资金预算都是不太可能的。得克萨斯州利柏提（Liberty）前任城市经理艾伦·巴恩斯（Allen Barnes）曾经说过，"保存好你的收据，因为这是我们在丽塔飓风里有哪些支出的凭证，联邦紧急事态管理局会就此迅速弥补上我们的资金缺口"（Barnes，2008）。政府官员应该一直记得在灾害中总共支出了多少经费，并如有可能的话出示收据寻求报销。灾害涉及的其他少有或没有资产记录的组织实体想要获得联邦紧急事件管理局或是保险公司对物品损失的补偿就非常困难。对于那些位于易受飓风、洪水、火灾或是龙卷风袭击区域的社区，应该在应对意外事件的方案中创立预算线一项内容。如布洛克，乔治·哈多和基姆·哈多就缓解资金压力的各种来源所言：

> 资源——对于任何意图减轻风险的项目而言，项目取得成功的大部分功劳都要归于资源的作用。必须追寻的各资金来源包括：地方资金来源……联邦和州政府资金来源……联动比率资源（Leverage Resource）……（Bullock，Haddow and Haddow，2009，p.205）。

管理者应该制定好解决灾后重建问题的方案。自然因素致灾的大规模灾害对经济造成的负面影响特别严重，就像1900年美国得克萨斯州加尔维斯顿（Galveston）飓风灾害对当地一度繁荣的港口经济造成了永久性的损害；或者像2011年的日本大地震和海啸摧毁了基础设施，并引起区域内核电站发生了多起事故。工业基础被毁，基础设施受损或被毁，公民流离失所的区域可能在数年中都要面对重建的问题。重建需要的资金要比从保险赔付和受损税基中得到的多得多。在一些国家，像这样的重建资金来自国家、州或是地方预算。公共管理者在制定灾害反应方案时需要考虑他们可以通过哪些来源获得重建资金，而又应该使用资金优先重建哪些部分。

通信联络

适宜的通信联络是灾害反应方案能够取得成功的关键组成部分。为了能够和在灾害反应中非常必要的内部和外部机构一直保持联系，管理者应该有许多应对意外情况的方案。不论使用何种通信手段，政府官员必须清楚他们与其他机构取得联络的方法。在今天的环境下，手机得到广泛普及，成为了许多政府官员依靠的通信工具。但是在灾害中，手机信号塔可能会遭到破坏，使手机无法正常使用。就算是传统的座机电话也会在某些紧急情况下受到影响，特别是在相关的朋友亲属占据电话线路试图联系上失联人员的时候。因此，政府官员需要考虑使用其他通信联络方法，可以把使用通信员和短波广播的通信方式纳入进来，而不是对它们进行限制。

影响灾害反应的隐性因素

与其他实体组织间的协作

政府官员可能需要在灾害中与其他联邦、州和地方组织机构进行协作或是从它们那里获得援助。与其他政府组织、非营利性组织以及私有工业组织协同抗灾有诸多益处。正如布洛克、乔治·哈多和基姆·哈多所言：

> 我们学到的最重要的一件事是在降低灾害风险和损失的过程中最好要把工作落实到社区一级。外部资源和技术援助固然关键，但是人们也必须为受灾地区设计出有效和可持续的缓解风险项目行动，并将其落实到最低一级的地方级别区域。没有社区全体利益相关者的支持和参与，救灾工作不可能获得成功（Bullock，Haddow and Haddow，2009，p.202）。

其他组织机构可以在灾害反应时期提供资源、人力、专业训练以及物流运输上的援助。与其让许多组织机构执行诸如搜集这样的具体任务，不如把这样的工作交付给专精于此的机构，比如在卡特里娜飓风灾害中美国海岸警卫队（U.S. Coast Guard）就把这类任务执行得很好。兰迪就美国密西西比州帕斯卡古拉市（Pascagoula）应对卡特里娜飓风一事提到了签署灾前协议的重要性：

> 密西西比州帕斯卡古拉的城市经理凯·约翰逊·凯尔（Kay Johnson Kell），讲述了她拒绝等待联邦紧急事件管理局做出许可再对灾害采取反应行动的过程，因为她认为立即采取行动是必须的。她说，“牛要陷在沟里，你得马上把它拉出来才行。”……帕斯卡古拉也有先见之明，其签署了一份灾前合同，规定了订约人需要在发生灾害时提供哪些服务以及会为各项服务支付多少报酬（Landy，2008，p.S189）。

众多组织机构协同抗灾可以让许多不同区域的灾害反应更有效率更见成效，比如在一线救援人员的调派和物流物资供应上就是如此。如兰迪所言：

> 地方政府在卡特里娜飓风面前的得失全面展现了政府在各个领域的优势和

> 劣势。这些优劣也都被支持者和批评者归因于是否采取了协同抗灾的方法。人们看到了组织机构小规模互相争夺地盘，看到了谣言四起，看到了方案难为其用，同时也看到了勇敢正直、专业熟练的公共管控以及管理者的远见卓识（Landy，2008，p.S188）。

协作如果未见成效就会导致出现不同组织机构的责任重叠的情况。这会让各组织间发生口角，让抗灾工作徒劳无功，或是出现管控能力与实际灾害反应情况存在差距的无效灾害管控。但是，管理者也需要意识到太多的准备会导致员工和大众之间的冷漠。管理者需要在正常备灾和过度饱和之间寻求一种平衡来应对潜在的灾害反应情况。

权力范围

政府官员应该对他们在灾害反应情况中的权力范围有所认识，其中包括有对不同机构、组织以及地理界限的权限。如里克斯、蒂利特和范・米特所言：

> 从现有高级别的监督者或是管理者发展而出的应急反应领导团队应该在紧急事件中协调组织灾害反应决策与活动。应急反应领导团队中的人应该从平日公司的领导中选出，这样这支团队才会具有保护组织利益不受侵害的必要忠诚度和责任感。在紧急事件中也应该组织某些人员形成一股特殊力量，掌握文书写作的权力（Ricks，Tillett and Van Meter，1994，p.330）。

管理者权力的大小源自他人如何看待管理者，如何看待管理者可能在实际上对其他个体施加的影响力（即人身安全，事业，薪金）。如果他人认为管理者是不称职的，或对其决策过程表示不信任，那么管理者的权力范围有很大可能会减小。简而言之，管理者应该表现出良好的领导品质来确保或是扩大其所需的权力。

在一些州和当地市政府，由选举产生的最高官员负责灾害反应工作并由他们负责督办城市工作人员的监督工作。但是，这些当选的官员可能并没有经过适当的培训，无法有效履行他们的职责。这使管理者们就应该尽可能详尽地努力为这些官员提供专业指导支持。

大型城市和州一级机构可能有专人甚至是整个部门致力于应对危机。而小型组织机构可能就会把危机反应任务分派给已有其他工作职责在身的个人，这就会潜在降低他们做事的效果。城市会将灾害反应工作分派给消防、公安、应急管控或是地方国土安全办公室，这非常典型。而各机构应对灾害的组织结构则是千差万别，有什么样的组织机构是要由组织规模、组织文化以及组织中工作人员的知识、技能和能力水平所决定的。

职责范围

管理者应该对既定情况下他们潜在的职责范围和权力界限有所认识。不能在紧急事件中对一系列职责和责任有全面的认识，就会出现组织的能力被过度使用，组织委托任务之外的工作也一并承担的情况。再者，如果管理者承担起了额外的角色和责任，他（她）就会有需将这些角色和责任永久承担下去但却没有更多资源的危险。公共管理者应该对他们组织机构中工作人员的能力所及和他们掌握的支持资源有一个大体的了解。不能让能力清单一直保持职责分明，就会导致危机时期救灾不力，也会有被人们认为是徒劳无功的风险，就像发生在卡特里娜飓风灾害中联邦紧急事件管理局身上的那样。

政治意向

公共机构必须应对来自内外政治上的压力，特别是来自其他公共组织机构、公众以及当选的官员的压力。这些组织控制着对行动和决策过程负有责任的公共管理者。当决策得以形成，公共管理者应该时刻记住有风险或是并不周全的决策过程可能会带来消极的后果，而这会严重影响他们的组织机构。有时公共管理者可能需要以当选的官员或是公众的政治边界为依据才能作出决策。从本质上来说，公共管理者是在受限的条件下作出合理的决策。尽管作出的决策可能并不是最有效的，也可能并不是管理者最偏爱的，但它或许是在政治现实面前他（她）的组织机构可以作出的最佳决策。地方、州或是联邦级别的管理者，应该注意要避免与其他级别的管理者纠缠到一起，因为这可能会导致灾难。在应急行动方案中应就联邦、州以及地方管理者的角色进行明确界定，同时也应该允许开展合作和有效利用资源。

时间

在灾害或紧急事件中，公共管理者应该在考虑制定行动方案或反应方案时把时间变量谨记于心。管理者作出的反应或是制定的方案是否有时间在既定的因素范围内奏效？如果一栋公共建筑被恐怖袭击所毁而只剩一地瓦砾，公共管理者是否有充足的时间动用挖掘设备或是重型起重设备来帮助一线救援人员？如果时间这一因素意义重大（它几乎在所有紧急事件中一直都是如此），公共管理者如何才能让一线救援人员更快得到拯救生还者的资源？但在一些情况下，可能为更显谨慎，需要比平常更多的时间。劫持人质事件就是这样的一个例子。虽然情况得到了控制，但是执法机关需要尽可能多的时间才能顺利逮捕劫持者，安全解救人质。

威胁等级 / 威胁评估

公共组织机构应该就社区遭受着哪些威胁列出一个清单，以便针对威胁准备应急反应方案。这些威胁可能包括附近核电站发生核物质泄漏事故，像发生在美国宾夕法尼亚州的三里岛核事故，或是附近化工厂向环境中泄漏出有毒化学物质，像发生在印度博帕尔（Bhopal）的工业化学事故（Perrow，1999）。其他的组织机构需要针对常见自然灾害制定方案，比如冬季暴风雪、地震、洪水、飓风、龙卷风、火灾以及海啸。像美国海岸警卫队执行的搜救作业这样的任务是由一些组织机构负责在广阔的地理疆土上对灾害作出反应，它们必须对各种威胁进行不同的评估。

第一部分　自然灾害

第2章

自然因素致灾实例分析——火灾

1811年美国弗吉尼亚州里士满剧院火灾

灾害第一阶段

现在你的身份是弗吉尼亚州首府里士满市的消防局长。你于12月20日获悉，在本月26日人们将会在老里士满剧院举办一次义演（Richmond Then and Now，2007）。考虑到里士满剧院年久失修，你觉得院方应该只允许少量观众进入剧院观看演出。当然，前提是如果真的有观众愿意去的话（Watson，1812）。

1. *你的行动方案是什么？* 身为市消防局长，你首先要做的一件非常重要的事，就是根据里士满剧院的建筑现状来决定是否应该继续允许院方承接各项公共活动。如果确定剧院的建筑结构足够稳固，能够保证剧场内各种活动安全进行，那么接下来你应该为剧院设置严格的剧场观众容量上限，制定应对火灾的疏散方案，以及准备用以应对突发事件的医疗服务。

2. *你会就上述这些你所考虑的事项与市政府的哪些部门进行沟通？* 你应与市政当局各个部门的领导就这些事项进行沟通。一旦剧院出现突发情况，利用好各个部门的不同城市服务功能将会对确保正在观看演出的赞助者和公民的生命安全起到至关重要的作用。

3. *你将如何落实你的部门为该剧院所制定出的规章制度？* 如果剧院所有者拒不履行公布的规章制度，那么市消防局长有责任以不履行城市导则为由关闭该剧院。

灾害第二阶段

12月23日，你收到消息，一位非常知名的演员也会在义演中上台表演，剧院因此已经卖出了300张门票。同时由于室外酷寒，院方需要对剧场进行充分的供暖来保持室内温度（Watson，1812）。

1. *你的行动方案是什么？* 此时，你应该提醒剧院管理层，入场观众人数不得超过剧场观众最大容纳等级（300人）。如果有意观看演出的观众人数大大超过了剧场的安全容量，那么院方可以考虑增开多场义演来满足观众的需求。由于院方将会在木结构剧院内使用供暖设备，你同样应该提醒剧院经理应准备好适合的消防器材来应对可能发生的火灾。此外，院方还应标记好逃生路线以及清空过道和走廊上的杂物。

2. *你会就上述这些你所考虑的事项与市政府的哪些部门进行沟通？* 应该让城市经理，警察局长以及主管城市规划和各分区事务的主任知晓所有这些需要考虑的事项。此外，如果真的有突发事件发生的话，也许与当地医疗机构谈一谈剧院安全也不失为一个好主意。

3. *你将如何落实你的部门为该剧院所制定出的规章制度？* 无论何时，一旦院方拒不履行规章制度，城市官员都有权也有责任关闭该剧院。如果放任缺少恰当的安全导则指引的剧院照常开放营业，那么发生任何突发事件的责任便会归咎于市政当局和其行政机关，最终不管是剧院管理层还是市政当局管理层都会受到刑事或民事起诉。

灾害第三阶段

12 月 26 日，是计划进行演出的日子。你得知院方已经卖出了 600 张义演的门票，到时将会有 600 名观众出席观看义演（Richmond Then and Now，2007）。

1. *你的行动方案是什么？* 此时，你应与其他部门的城市官员展开合作，共同确保到时进入剧场的观众人数不会超过 300 人的上限。如果剧院所有者执意要求 600 名观众都可以看到演出，那么可以建议其在 27 日晚增演一场。如若不然，则关闭剧院。

2. *你的通信联络方案是什么？* 当剧院的安全容纳等级达到 300 人的上限时，另外 300 名持有门票的义演赞助者仍然试图进入剧院观看演出，但是出于安全考虑，你需要冷静地与这 300 名本应出席义演的观众进行沟通，阻止他们进入剧院。你应该告诉他们，他们可以与剧院所有者协商决定是选择增演一场还是选择退票。此外，你应该向剧院所有者发送书面通知，告之其已违反安全条例，如拒不履行之前颁布的安全导则是可以对其处以罚金的。

3. *你准备好了哪些支持应急反应的资源？* 如果你对剧院安全的忧虑并没有得到城市其他部门官员的重视，600 名观众还是得以全部入场（这实际上也是这个实例分析真实发生了的事实），那么接下来你需要准备好充足的消防器材，调集医疗和消防人员严阵以待，以及出动警员来疏导人群。此外，如有寻求其他城市医疗援助和消防资源的必要，你应该与其他城市提前达成稳妥的合作协议。

灾害第四阶段

两盏蜡烛吊灯的灯光闪了一闪，甩出的火星便溅落在了剧院的木质舞台上面（Richmond Then and Now，2007）。鉴于剧院年代久远和整体建筑的不良状况，溅落的火星应该作为引起火灾的主要原因加以关注。

1. *你的行动方案是什么？* 你应该马上对剧院进行疏散，同时试着让大量观众尽可能安全地离开这栋建筑。之后要进行的行动项目便是让消防员迅速进入火灾现场尽快消除火情。

2. *你的通信联络方案是什么？* 官员不仅需要使用扬声器来疏散人群，也需要用其来向一线救援人员传达正确的指示，事发环境人声嘈杂，不使用扬声器的话一线救援人员难以听到发出的指令。由于剧院疏散工作需要警员的帮助，所以要持续与警察局长保持沟通，让其时时了解事态的进展。此外，还要与城市管理层保持密切的联系，因为或许他们需要从其他城市获取额外的支持资源。

3. *你准备好了哪些支持应急反应的资源？* 经过适当准备，城市官员已经安排好消防队和医疗人员来处置火灾。如果剧场观众容纳等级超过上限，则将会出现伤员，也将有可能出现遇难者，所以医疗人员将会在救治吸入烟雾的伤员以及出现其他症状的受灾者上起到关键作用。

灾害第五阶段

大约 10 分钟之后，火焰吞噬了整栋建筑。人们开始尖叫，从包厢里的座位跳到舞台上面。大火此时已经蹿上了屋顶，火焰在整个剧院肆虐扩散（Watson，1812）。

1. *你的行动方案是什么？* 如果已经来不及疏散剧场观众（正如这个实例分析所描绘的情况那样），市政府官员则可以预料到在这 600 名观众额外加上剧院的工作人员中会出现大量的遇难者。你应该立即疏散仍然留在剧场内的观众。消防员应该尽力消除火情，而该区域内的所有警员则需要开始进行人群控制疏导的工作，以确保路人不会被火灾或房屋碎片所伤。此时，医疗人员应该赶到火场开始救治伤员、甄别伤情，遇伤势严重者立刻送往医院进行救治。如果医疗用品和人员充足，遇伤势较轻者应当场进行治疗。

2. *你的通信联络方案是什么？* 身为市消防局长，你需要开始与其他各个部门的负责人进行协作，并且确保你派出的一线救援人员正在一致为消除此次危机而努力。而一线救援人员也应该开始考虑被困人员的人数，以此来决定何种救援过程是最佳救援选择。

3. *应对紧急事件，你主要应该关注什么？* 一线救援人员应聚焦于确保所有已经救出的剧场观众能够存活并且给予伤员以医疗救治。对于见到的遇难者遗体,则需转移并保存，以供今后进行辨认。

灾害第六阶段

你注意到州长为了救他的儿子又跑进了剧院（Watson，1812）。另有一些被困火场的人则为了自身安全向剧院高处四处攀爬。此时，你也知道了许多人已经葬身火海。

1. *你的行动方案是什么？* 虽然州长冒险进了剧院，但是因为剧院里所有找到的生还者都已经疏散到了安全地点，此时你不可能让你的救援人员铤而走险再去救他。你应该把重点放在扑灭大火、医治伤员以及向有正规医疗设施的地方转移伤员上来。

2. *你的通信联络方案是什么？* 身为市消防局长，你应该开始准确统计有多少人在这次火灾中下落不明，询问能够接触到的家庭是否有人不见其踪影。这将是列出下落不明人员名单的开始，或许也是在瓦砾之中发现他们依然生还的一线希望。如果发现无人生还，那么这份名单将用于帮助确认已转移至剧场内的遇难者遗体的身份。如果你所在城市的医疗人员和资源力难负重，那么你或许需要联系周边城市，额外获取它们在资源上的帮助。

3. *哪些资源是你现在没有但是以后会需要的？* 由于这次火灾造成的伤亡惨重，你最有可能缺少的将会是药品、医疗人员、医疗设施以及一线救援人员。此外，你或许还需要挖掘设备、裹尸袋以及帮助转移遗体或是在瓦砾中有微乎其微发现生还者可能的搜救犬。

实例分析引申出的主要问题

建筑和防火条例对于防止灾难的发生是至关重要的。人们已经描绘出了大量的假设情况，假设在有关部门本应制定好各种建筑或防火条例（并且在条例制定后得到实施）的情况下，人们从一开始就可以在潜移默化间避免悲剧的发生。

此研究实例特别说明了建筑条例为何如此之重要。剧院不仅人满为患，而且还超过了建筑的设计容量。此外，修建该剧院所采用的方式导致了这场火灾极具破坏性，使火情迅速扩散，许多人葬身火海。剧院也没有设置用来保护州长和其家庭成员安全的设施。而在大多数公共场所，院方都会为贵宾提供额外的保护措施，让他们的安全更有保障，为他们安排的疏散路线也会更加便捷。在该实例分析中也有一处信息尚不明确，就是事发现场有多少与扑灭大火相关的资源。

补充说明

这次火灾最终导致了 72 人死亡（Richmond Then and Now，2007）。此外，由于弗吉尼亚州州长救子心切不幸葬身剧院火海，弗吉尼亚失去了其政治领袖。这也是本书与应对火灾有关的第一个实例分析。纵览本书，读者将会洞悉到失败的模式在不断重复上演，甚至到了现代，同样的缺陷依然在防灾应急的事务中有所体现。

1871 年美国芝加哥大火

灾害第一阶段

现在你的身份是美国芝加哥市长。最近你治理下的城市正在遭受长时间的旱情，为此消防员们每天都要忙着应对城市各处突发的火情。而在 10 月 8 日那天晚上大概 10 点钟（Debartolo，1998），就在你正要准备就寝的时候，一名消防员突然来到你的住处，一脸疲惫地向你解释此行的原因：有一场大火现在正在迅速蔓延（主要由于强风吹拂和城市中多为木质建筑易受火灾殃及导致），使他们面对的灭火问题变得非常严峻（Chicago：City of the Century，2003）。除了消防员灭火的问题，你还有另一个问题需要解决，那就是城市里的市民对于蔓延的火情并不是特别放在心上。

1. *你的行动方案是什么？* 如果你提前制定了有关应对城市火灾的行动方案，那么现在是时候把这些现成的行动方案加以利用了。然而如果你并没有准备这样的行动方案，那么你需要开始尽可能多地搜集各种信息，并且辨识哪些资源有可能用在应对火灾上面。此时的芝加哥城市规模非常之大，但是人们使用的各种通信途径却还是相当原始。所以你需要建立起中央指挥站之类的机构，以便用其及时收发各种信息。

2. *你的通信联络方案是什么？* 首先你需要和那些还没有投入救灾的一线救援人员进行联络，并且召集可能需要的志愿者，来弥补由于大量消防人员已经投入到各地的灭火工作之中而造成的人员不足。此外，你需要让城市中的居民有所意识，这次的火灾正在横扫全市，极其危险，同时你要开始准备疏散那些居住在将会受到火灾威胁区域的居民。

3. *你打算怎样控制当前的情况？* 一旦失火区域的范围得到确认，会有许多各不相同的方法供你尝试来控制火情。如果有水可用，那么可以把水浇在木质建筑上来阻止火势的蔓延。如果无水可用，那么可以推倒一些木质建筑作为防火间隔来阻止火势朝城市的另一片区域蔓延。没有易燃的木头，火灾也就不会持续和扩散。

4. *你计划如何指挥你的资源？* 一旦确定了火灾地点和火情走势，你就可以指挥消防员首先扑灭那些失火街区的大火。而对于志愿者，他们可以通过奔走让居民提高警惕，并且在火灾向其他社区扩散时帮助你实施必要的居民疏散方案。与医疗相关的人员、药品设备也需要组织起来，来应对出现的伤亡情况。

灾害第二阶段

大火刚刚已经跃过了将城市分为两部分的河流，朝河对岸蔓延。河的两岸现在都在燃烧，许多船只也陷入了火海。但是对于火灾会危及市民自身生命安全这件事，城市中的居民仍然表现得不是特别在意（Sheahan and Upton，1871）。对于保护市民生命安全来说，你采取的下一步行动将会是关键性的。

1. *你的行动方案是什么？* 火灾现已在河两岸都失去了控制，一些船只起了火，一些则岌岌可危，城市中各种支持应急反应的资源都因为大火而压力倍增。没有受损的船只应该立即驶离危险区。你需要让你招募的志愿者们挨家挨户劝说市民从处于过火路径的区域疏散到安全地点。既然城中有河经过，或许你可以从河中取水围绕城市各区域进行喷洒，起到额外防火间隔的作用，同时也可以减少大火波及区域的数量。

2. *你计划如何指挥你的资源？* 因为河流两岸都有火情，所以可能需要调动一些工程师和建筑工人让水流按照计划进行流动，引水上岸，抑制火情。

灾害第三阶段

你已经联系过周边城市请求支援，但是他们都并没有在意你的请求（Sheahan，1871）。看来从其他城市得到援助是没有什么可能了，那么在这种情况下你会如何利用你现有的这些资源呢？

1. *你的行动方案是什么？* 因为流离失所的市民需要有庇护所能够遮风挡雨，需要有食物和水以保证饮食，所以你要开始动员各种资源来汇集各种可以向逃生市民提供必需的庇护所和饮食的要素。此时，由于没有一个周边城市看上去会施以援手，你意识到只能靠自己孤军奋战，通过最大限度地动用你可以利用的资源来应对火灾。

2. *你的通信联络方案是什么？* 为了能够获得额外的资源，继续联系其他城市和州政府的官员是一个明智的选择。尽管火势蔓延，你仍需继续收集情报，以掌握有多少资源可以为你所用，以及现在城市中有多大的区域陷入了火海。如果没有翔实的情报信息以供参考，你是很难做到恰如其分的调兵遣将，动用资源来应对火情的。

3. *此时你已经失去了对火灾的控制，那么接下来你应该做些什么？* 对于那些肯定会被大火吞噬的区域，你需要努力将这些区域的人群疏散到安全地区。此外，你需要开始构想一个战略计划，考虑城市的哪些区域是可以得到挽救的，并随后向这些区域投入更多的资源。

灾害第四阶段

你市的城市供水刚刚发生中断（Sheahan，1871）。大家都知道不管是对于灭火还是人的生存水都是至关重要的。那么你接下来应该作出哪些决策和行动来保护市民的安全？

1. *你的行动方案是什么？* 让你的工程师和建筑工人在发生火灾时重新布置供水路线将会是一个好主意，这样一来疏散出来的人们便能够有水可饮，而你的消防队员们也会有灭火水源可供使用。如果没有水的话，挽救城市中的大片区域就毫无希望了。

2. *为了让你的消防队员在绝境中保持高昂的士气，你会如何去做？* 你的消防队长应该一直在为保持他的消防队伍的士气而努力着。如果消防队长没有肩负起领导的角色，那么你应该在消防部门中找出一个有能力，同时也愿意担负起责任的人来领导消防队伍。缺少领导力的话，消防部门就会让人大失所望，士气也会开始衰退。此外，你应该努力为消防部门输送可以找到的志愿者来缓解其人力的不足。

灾害第五阶段

现在你的消防队员们由于无水可用，已经放弃了灭火的希望；而大批市民惊慌失措，跑过桥梁，他们有的跳入湖中，有的潜入河里（Sheahan，1871）。为了重新控制局面，你会如何去做？为了成功疏散仍然处在危险之中的市民，你又应该做些什么？

1. *你会如何消除市民的恐慌情绪？*你应该派遣所有可供调动的一线救援人员前往滨水地带，缓解那里有可能发生骚乱的压力。同时汇集没有受到损伤的所有船只，将疏散出的人从城市渡运到安全地区。对于其余仍然没有从城市撤出的居民，你则需要为他们离开城市开辟出一条安全通道。

2. *你的通信联络方案是什么？*此时最重要的沟通是你要告知公众这个城市的领导者是你，你会为这个城市负起责任。努力让公众尽可能地保持镇静，并向他们保证他们马上就会得到救援，而且为沿水路疏散的居民开辟的安全通道也即将开通。

3. *此时为应对这场危机，你应该动用哪些资源？*你应该动用所有可供调遣的警员来帮助疏散市民。此外，应动用各种陆上运输工具和适于海上航行的船只，帮助市民从正在熊熊燃烧的城市中疏散出来。

灾害第六阶段

一名美国军方的将军出现在火灾现场视察灾情，并为你市各机构人员缓解灾情的努力提供了来自军方的协同援助（Sheahan，1871）。身为市长，你决定应该向公众宣布将在城市中实施军事管制（Sheahan，1871）。文职政府和军队在救灾准备和安排上各有哪些优势与劣势？这一议题将出现在之后会谈到的 1906 年旧金山大地震这一实例中。

1. *你的行动新方案是什么？*如果有了可以依托的援助，而且这些援助看上去能够提供有利于救灾的资源的话，那么利用好这些援助。军方可以帮助你为疏散出来的市民提供食物和庇护所，还能帮助你疏散市民到安全的地区，他们拥有这些资源让他们可以这么做。此外，军方以稳重的姿态出现在救灾现场，这会让你的市民逐渐重拾些许信心，也会为你的公安和消防部门提供人力上的支持。

2. *现在最为紧迫的问题有哪些？*决定需要哪些额外的资源是一个重要的问题。还有就是你应该开始修复城市中的基础设施，这将为那些住房并未受损的市民重返家园提供可能。

灾害第七阶段

天上下起的小雨和减弱的风势让大火得以逐渐熄灭。现在，城市中的 34 个街区完全化为瓦砾（约占城市的三分之一）（Long，2008）。超过 300 人的生命被这场火灾夺去

（Jeter，1997）。包括市中心、商业区、高档住宅区以及许多港口区在内的城市区域被火灾摧毁（Sheahan，1871）。而现在你手上还有一个额外的问题——30万居民中有9万人无家可归（Jeter，1997）。作为首席行政官员，面对灾害产生的种种后果，你应该优先解决哪些问题？

1. *你的行动新方案是什么？* 一个急需优先考虑的问题便是为疏散出来的人们建立起临时避难所，同时强化后勤部门以便向市民提供饮食和药品。另一项需要优先考虑的工作是工程师和建筑工人应该完成基础设施的修复工作，并在之后对水面上的损毁船只进行回收，清空水面，以保证运送补给的船只能够靠岸为市民提供补给。

2. *现在最为紧迫的问题有哪些？* 为疏散出来的人们提供的避难所、水、食物和医疗资源是各种支持资源中最为需要的，它们可以由周边城市和组织机构来提供。同时应有专人与非营利性团体的最高级别管理者，地方官员以及州一级官员进行联络，为能够有更多的资源输送到受灾城市，为市民提供补给而努力。

实例分析引申出的主要问题

此研究实例向我们说明了一个事实——城市具有合适的建筑条例可以阻止火灾的蔓延，时至今日这仍然是具有现实意义的。建筑条例对于火灾防控，特别是对于高密度人口集中区域的火灾防控具有至关重要的作用。芝加哥的建筑多为木质结构，且各个建筑摩肩接踵挤在一起。这两个因素结合在一起，就造成了本次火灾的快速蔓延以及最终导致芝加哥市化为了一片废墟。我们不应该忘记这场火灾中芝加哥缺乏备用基础设施的教训。如果人们失去了水源、电力、通信，抑或是交通上的支持，那么人们面对的情况更像是发生在久远的1775年的紧急事件，而不是发生在现代。芝加哥市没有备用的供水系统或是获取额外水源的方法。在应对危机时与外部机构达成合作救灾的共识是很有必要的，它们可以帮助灭火，确保安全性，提供医疗援助，疏散市民抑或是修复受损或被毁的基础设施。而芝加哥市似乎并没有与周边社区或是组织机构签署过任何以备不时之需的援助救灾协议。没有这些协议，芝加哥市就没有额外的人力资源可以依靠，就无法对其疲惫的消防队伍进行人员补充。此外，芝加哥市好像并没有关于应急预警的市民通信联络计划，因此一旦火势肆虐失去控制，市民便无法得到及时的疏散。

由于建筑条例不完善，事先没有与外部组织机构达成援助救灾协议，以及缺少备用的基础设施等多重弊端，大火过后整个工业城市基本上化为乌有。300名市民由于城市缺少合适的疏散方案或是准备好的应急预警方案而葬身火海。

补充说明

这次火灾促使芝加哥发展成为了一个充满生气的现代城市。有关芝加哥大火是由于一只奶牛踢翻了一盏灯而引发的传言并不属实。最有说服力的假设说是一栋小型建筑才是火灾的源头（Sheahan，1871）。

1871 年美国威斯康星州佩什蒂戈（Peshtigo）火灾

灾害第一阶段

现在你的身份是美国中西部地区威斯康星州所辖的一个县的县长。今天是 10 月 8 日，你站在你的办公楼里可以看到远处冒出的浓烟（Washington Post，1997）。

1. *你的行动方案是什么？* 作为一县之长，你需要收集以下几个方面的信息：（1）起火的准确位置，（2）火势正在蔓延的方向 / 路径，（3）有多少人已经在火灾中受伤。而接下来你需要思考的是，你可以集中哪些类型的资源来应对这场火灾。

2. *你的通信联络方案是什么？* 在你找到了火灾朝哪个方向蔓延之后，你需要向位于火势蔓延路径上的社区做出预警，疏散社区居民，动用他们的资源应对火灾。你也需要开始与一线救援人员和医疗人员进行沟通，动员他们的力量，并设法解决已经出现的种种问题。此时此刻，你需要联络周边的组织机构，这很重要，因为为了应对有可能会到处肆虐的火情，你从此时开始获得的周边支持和资源将会协助你应对灾情。

3. *你需要得到或是动用哪些资源？* 除了消防员，医疗资源和其他一线救援人员之外，你需要建立起一个中心指挥站来管控你的通信讯息。你还需要建立起一套有关食品、水源、居民疏散以及药品的物流供应链，因为或许人们在任何一个特定的时间里都需要这些资源的支持。你现在应该把那些已经聚集在一起的志愿者们动员起来，让他们去协助消防员，一线救援人员或是医疗人员。

灾害第二阶段

你现在从一处信息源获悉，位于这片区域四周的森林已经完全陷入了火海，吹过这片区域的风势又猛，火借风势，蔓延的速度疾如闪电（United Press International，1996）。你非常担心，因为这片区域非常干燥，而你可以支配的资源又不是特别机动灵活（United Press International，1996）。除去这些问题，你所在的县地处偏远的乡村地区也是一个问题（Hipke，2007b）。

1. *你的行动方案是什么？* 因为你县位于乡村地区，所以让人们在已经受到火灾影响的区域尽可能多地洒水，将会对阻止火灾朝其他地方的森林蔓延起到重要作用。控制火情将会是一个艰难的任务，因为你既没有基础设施可以使用，也没有飞机、化学试剂来助你一臂之力。缺少这些条件意味着你不得不调动消防员，由他们来设立需要大量人力投入的防火间隔。你或许还想要预判可能的起火点，好让消防员事先抵达将会起火的地点，控制火灾的蔓延。

2. *你的通信联络方案是什么？* 因为受灾地区地处乡村，所以你将需要派遣一线救援人员前往这些与外界没有通信联系的村庄，疏散居住其中的居民。一些城镇和城市的规模可能很小，因此派遣通讯员尽快与这些人口密集的中心取得联系就变得很重要。在一些社区里是能够使用电子通信的，而在其他一些社区则不能。对于这些不能使用电子通信的社区，让通讯员前往实地直接与其取得联系将会变得非常重要。

3. *你需要得到哪些支持资源？* 身为县长，你需要有更多的消防员和一线救援人员应对正在蔓延的火灾。而为了让消防员能够抵达准确的位置以及保证乡村里各个社区的有序疏散，物流在其中发挥的作用也愈来愈受到人们的关注。此外，医疗资源和为疏散出来的居民搭建的临时避难所也是很重要的。

灾害第三阶段

你现在收到报告，你所在地区内的城镇都已完全燃烧殆尽（Hipke，2007a）。许多报道也纷纷开始跟进出炉，报道这场灾难的危害之大，范围之广，许多地方都受到了火灾的殃及（Associated Press，1988）。你的资源有限，而起火的地方却到处都是，这场区域性的大火让你非常忧虑。许多报道现在正在告诉人们风暴性大火其火势是如何之猛烈，它几乎是像龙卷风一样把房屋和其他大型物体席卷而起（United Press International，1996）。面对这种情况，你会如何与这些广布四处的重要乡村地区进行通信联络？

1. *你的行动方案是什么？* 火灾现在已经失去了控制，许多居民正在涌入还没有受到火灾波及的区域——至少到目前为止还没有受到波及。为了让居民能够抵达真正安全的区域，将这些居民疏散到其他远离火灾的城市是非常重要的，而且这些城市也可以为你提供更多的支持，协助救灾。你首先应该与这些城市的地方政府进行协商安排，让尽可能多的居民沿铁路疏散到这些指定的城市。虽然异地疏散居民只是一个临时之举，但是至少你争取了收集更多资源的时间，这些资源原本是打算用在疏散这些无法马上得到妥善安置的居民身上的。此外，你还需要派出更多的侦查人员，来确认是否还有一些其他的社区由于火灾的缘故需要进行疏散。凡是能够送往拥有正规医疗设施的大城市接受救治的伤员应优先进行疏散。

2. *你的通信联络方案是什么？* 身为县长，你需要与周边的县进行沟通，协同应对火灾以及获得资源上的支持。此外，能够得到具备电子通信能力和拥有铁路线的大城市的支持资源也是非常重要的。沿着与受灾地区相通的铁路线，可以将筹集到的医疗资源、食物、水以及临时避难所等资源输送到灾区，应对火灾。

灾害第四阶段

大火最后终于熄灭了。死亡人数之多和受破坏程度之大令人吃惊。作为一名管理者，面对灾后的一片狼藉，哪些事情是你应该优先考虑的？为了应对今后再次发生火灾，你将会事先进行哪些准备？

1. *你的行动方案是什么？* 如果居民已经得到了疏散，那么在这些居民重返家园之前，建起临时的避难所，储存各种需要的补给就变得很重要了。为了让市民的生活能够重回正轨，县里需要开展大量的重建工程来弥补火灾带来的后果。

2. *你的通信联络方案是什么？* 你需要与疏散出来的市民进行沟通，告诉他们在某一个时间节点之后他们就可以安全地重返家园了。此外，你还需要与周边区域进行沟通，以期获得重建县内各个社区的资源。那些遇难者家属也是需要取得联络的，在确认死于火灾的遇难者身份之后，告知其家属，好让遗体可以下葬。

实例分析引申出的主要问题

如果不能使用相关资源扑灭引起火灾的最初的起火点，那么人们是难以控制发生在开敞平原地带的火灾的。火灾发生后它可以向任何方向蔓延，会烧毁沿途的植物甚至烧毁大片人们赖以生活的区域。对于一个社区而言，它要为像这样的火灾造成的破坏付出巨大的代价，不管是从人类遭受的磨难、损失的金钱、消耗的自然资源，还是殃及到野生动物方面来说都是如此。在这个研究实例中，实际上管理层并没有制定一个明确的行动方案用以应对横扫全境的大规模森林火灾。同样不幸的是，人们没有可以利用的供应水源能投入到救灾。在这次灾难发生的那个年代里，没有什么可以使用或是调遣的资源可以应对如此规模的火灾。和现代社会不一样，那时没有飞机，没有消防用化学试剂，也没有其他可以用来快速引入水源或是其他支持资源的基础设施。

补充说明

在这次火灾中估计有 1670 人丧生（Associated Press，1988），被烧毁区域面积的大小与美国的罗德岛州相同（Greer，1986）。这是美国历史上最为惨重的一次火灾，它实际上比同日发生的芝加哥大火造成了更大的破坏和更多人遇难（Washington Post，1997）。

1910 年美国华盛顿州，爱达荷州，蒙大拿州大火

灾害第一阶段

现在你的身份是美国西北部地区一个州的州长。8 月 19 日这天，有人通知你州里发生了森林火灾，而且火借风势正在州内迅速蔓延（Petersen，2005）。而你的同僚却告诉你发生火灾的地方没有足以处理或是控制火情蔓延的设备可以使用（Petersen，2005）。

1. *你的行动方案是什么？* 首先你需要判断州内拥有哪些支持资源可以用来应对森林

火灾，而地方一级政府又有哪些资源可供使用。接下来，你应该思考有哪些人力资源可以调动来应对森林火灾。在大多数情况下，可以召集美国陆军预备役部队（Army Reserve）或是国民警卫队（National Guard）来应对森林火灾。此外，在发生森立火灾地点附近的社区可能会出现大量的财产损失和人员伤亡，身为州长你应该开始制定计划保障这些社区的安全。首先，要把这些社区定为投入支持资源的援助目标。其次，你也应该考虑怎样才能让这些资源迅速抵达需要它们的地方。要尽可能多地开辟运输路线，这样资源就将会有专属的运输通道便于运输。

2. *你的通信联络方案是什么？* 你应该与发生火灾附近地区的地方官员以及可以调度资源投入火场的官员保持联络。

灾害第二阶段

向起火地点运送资源遇到了道路运力不足和沿途多岩石的难题（Petersen，2005）。而且，除了你的州之外，现在有另外两个州也受到了火灾的波及。干燥的草场和树木以及刮来的大风使火势快速蔓延（Petersen，2005）。

1. *你的行动方案是什么？* 既然无法让资源及时抵达那些确实需要它们的地区，那么身为州长，你现在需要考虑对那些处在火灾蔓延路线上的地区进行疏散。发生的火灾紧邻人口密集地区，你应该就此制定出一个应对方案，并从这些人口密集地区就地快速获得各种应对火灾的资源。

2. *你将从哪里获得你非常需要但现在手里没有的资源？* 你现在需要知道临近的几个州有哪些资源，地方一级政府和联邦政府又有哪些资源可以用于对抗正在蔓延的火灾。

3. *你的通信联络方案是什么？* 你应该联络另外两个受到火灾波及的州的州长，以及那些有可能为应对火灾提供资源的地方官员和联邦官员。你还应该联络地方官员商讨一旦大火朝他们所辖的社区席卷而来，哪些疏散方案是可行的。

灾害第三阶段

你与其他两位州长正在指挥10000人（按小时为志愿者付酬）抗击这场波及三州的大火（Petersen，2005）。此外，美国陆军也已投入到扑灭森林大火的作业中（Petersen，2005）。

1. *你的行动方案是什么？* 有效灭火的关键在于让各种支持资源各就其位，最大限度发挥它们的效能。只有有效使用资源，动用10000人抗击火灾的努力才会取得成效。你应该对各方付出的努力怎样整合这一问题进行审视，同时对怎样才能改善运输条件，让资源更快抵达所需地区就位这一问题进行思考。

2. *你的通信联络方案是什么？* 你应该不遗余力确保抗击火灾的地方，州和联邦各级的支持资源协同一体，互相同步。你需要再次向地方领导人做出保证，将要运抵的资源会为他们的社区提供临时避难所、医疗援助以及饮食。

3. *你将如何保护一线救援人员？*有一个方法可以让一线救援人员更加安全，那就是汇集各方更多的救援人员，使用最先进的消防设备执行灭火和搜救作业。同时，你也应该努力为一线救援人员改善物流条件，确保他们有充足的供给来执行救灾任务（比如水源）。

实例分析引申出的主要问题

这一研究实例中存在的问题包括基础设施缺乏，不同消防单位各自为战，以及不能有效利用支持资源应对火灾。人们本来可以采取的一些预防性措施或许本可以帮助消防员控制住火灾，诸如加大密集林地树木之间的间隔，清理倒下枯死干燥的树木残骸，可以让可能发生的火灾大大减少供其燃烧的燃料，而且在现代社会人们也经常使用这些做法。此外，储备消防资源和预置某些防灾设备同样可以加大对火灾作出更快更有效反应的可能性。

补充说明

这场火灾烧毁了300万英亩的森林，致使至少86人遇难（Petersen，2005）。这次灾难即便不是世界史上规模最大的森林火灾，也应该算作是美国历史上规模最大的森林火灾。而确切的起火原因人们却一直没有找到（Petersen，2005）。

1944年美国康涅狄格州哈特福德马戏团火灾

灾害第一阶段

现在你的身份是美国东海岸一大都市的消防队长。林林兄弟和巴纳姆与贝利马戏团（Ringling Brothers and Barnum & Bailey Circus）已经来到你所在的城市，他们将要在这里上演一系列的演出。马戏团搭建了传统的大帐篷，城市里有8000名居民（大部分是妇女和儿童）启程去观看他们的表演。马戏团大帐篷本身是由帆布制成，经过了石蜡和汽油混合物的防水处理（Willow Bend Press，2007）。

1. *你的应急行动方案是什么？*你无权禁止使用像这样经过防水处理的帆布，这个权力市政委员会才有。为了以防万一，你需要为市民制定一个疏散方案以应对在大帐篷里面可能发生的火灾。此外，你还需要计划在马戏团周边预置消防设备以便发生火灾时你可以迅速作出反应。你也需要通知城市里的官员们，帐篷极易燃烧，在这样的建筑里举办公共活动是十分危险的。应该要求组织马戏表演的人遵守防火条例，标明所有的出口位置，并清除阻碍通行的杂物。

2. *万一发生紧急事件，你掌握有哪些应急资源？*身为消防队长，一旦有紧急事态发生，你需要消防车和救护车时刻待命。此外，应该在马戏团准备好医疗用品和灭火器材，供人随时使用。

灾害第二阶段

马戏表演一开始，大帐篷的帆布上面就着起了火。火焰迅速吞噬着整个大帐篷，观看表演的几千人为了自己的生命安全纷纷夺路而逃（Willow Bend Press，2007）。随着人员不断向出口方向疏散，你发现人群疏散的方向正在起火（Brown，2008）。而且你还注意到有许多关着动物的笼子挡住了一些出口（Willow Bend Press，2007）。

1. *你将怎样解决人群跑向错误出口这一问题？*你需要让消防员更加设身处地为逃跑人群着想，积极引导他们逃往安全的出口，并移开兽笼让更多的出口可供逃生使用。这样做应该可以减少困在正在崩塌的大帐篷里的人数。此外，你应该派遣消防车喷水灭火，对于帐篷未起火的部分也要进行喷水作业，防止火势扩散。

2. *你计划怎样解决出口被挡住的问题？*出口必须保持畅通，因此你需要派车辆清理兽笼，或者让组织马戏表演的人使用其他可加利用的资源——比如借助马戏团大象的力量——移开兽笼。

灾害第三阶段

马戏团大帐篷的支撑杆和帆布表面现在已经完全塌方（Brown，2008）。上百人因此受伤，需要接受医治（Brown，2008）。身为一名管理者，你应该思考哪些资源是你应该迅速得到的，以及怎么调配这些资源来应对灾害。

1. *你的行动方案是什么？*你需要开始进行搜救作业，同时确保这次火灾已经完全被扑灭。也需要对伤员按伤势轻重进行归类，以便伤势最危重的伤员可以首先得到救治。

2. *你在救灾现场需要哪些资源？*你需要现场有尽可能多的一线救援人员和医护人员，以及医疗用品和水源。此外，你也需要开始整理那些火灾遇难者的遗体，并将其送往当地太平间以供辨认。然后还需要你做的是，查明当时在马戏团大帐篷里的每一个人的情况，防止在火灾发生后有人去向不明。

实例分析引申出的主要问题

应该用这一研究实例来解释，为什么针对大型活动场地设定的城市条例是如此重要。在没有适宜的准则或是执行条例的情况下，如果人们像这次事故一样使用了并不适宜的材质，悲剧就会发生。在这一实例场景中，哈特福德市最大的败笔之一就是允许了马戏团使用易燃材料制成的帐篷作为演出场所。这一因素加快了火灾的蔓延速度，也降低了安全疏散观看马戏观众的能力。此外，在同意进行像这样的活动之前，马戏团的管理人员与消防人员应该共同拟定一份明确的方案，让灾害发生时观众能够得到有序疏散。在这场火灾里，由于一些通路上有兽笼挡着，观众也并不清楚可以从哪条路疏散出去。而且消防人员缺乏与观众之间的有效沟通，帐篷后门告知观众可以向哪里走的指示，并没有得到很好的实施。

补充说明

这场火灾在大约十分钟的时间里让 168 人命丧火海（Willow Bend Press，2007）。一名纵火狂之后承认是他点燃了大火，烧毁了马戏团的帐篷（Brown，2008）。

2003 年美国罗德岛夜总会火灾

灾害第一阶段

现在你的身份是一座城市的城市经理。你所在的城市出现了一个新的商业行为，它正在寻求改变一家在 20 世纪 30 年代开业的餐馆的面貌，在其原址将其重新打造成一家夜总会。新开的夜总会将会举办各种音乐活动，并正在要求获得远远超过原来餐馆范围的更多用地。

1. *城市经理将会面对哪些问题?* 城市经理应该关心的问题是翻新建筑必须符合现行的建筑和防火条例，以及美国残疾人法案中的相关规定。而这栋已经建成 70 年的房子可能并不符合上面提到的这些要求。

2. *你将如何向地方商业机构和你的职员讲清楚你所关心的问题——这栋老房子也理应执行建筑条例导则?* 城市管理者需要得到市长、市政委员会和其他城市部门的支持，确保所有选举产生的官员和相关部门意识到，让新的商业活动执行现行建筑和防火条例的必要性。你也应该让负责经济发展的主任认识到，如果城市引入了这样的商业活动，那么建立一家夜总会从成本上来讲可能会面对各种区划条例和规章制度。经济发展主任应该努力为新的商业活动找到合适的建筑载体，让其搬迁进有它所需设施的场所，而无需让其为额外的翻新费用而买单。

灾害第二阶段

2 月 20 日，你在家接到电话，新建的夜总会在晚上举办了一场摇滚音乐会，音乐会上进行了烟火表演却引起了火灾，烧毁了夜总会（Arsenault，2003）。火灾过后人们调查发现，夜总会并没有随着占地面积的扩大而安装本来应该装有的灭火喷水系统，使用的泡沫吸声材料也属于易燃材质。但是你市的火灾调查人员并没有提到，在改造成夜总会的过程中，商家没有安装灭火喷水系统的事实（University of Texas at Austin，2006）。你所在州的州长刚刚发出禁令，禁止在300人以下的活动场所燃放烟火（Madigan，2003）。这家夜总会的所有者和乐队演出经理是晚上烟火表演的始作俑者，他们已经受到了起诉（Karl Kuenning RFL，2005）。

1. *你如何从安全的角度继续监管现有的其他夜总会？* 你应该重新检查现有的夜总会是否符合现行的防火条例和美国残疾人法案中的相关规定。如果商家并不符合要求，那么应该宽限他们一段时间让他们逐渐符合现行的导则。如果商家逾期仍不符合要求，则应开始对商家进行处罚或者认定夜总会为不安全场所（即责令其关张）。

2. *面对职员没有提及火灾发生之前夜总会基础设施不足这一情况，城市经理应该做些什么？* 有多种多样的方式可供城市经理选择，来应对职员的玩忽职守。记过、带薪停职、停薪停职，甚至把他们从职位上解雇都是可以采取的方式。在这种情况下，城市经理将需要对城市的职员进行审查，检验他们对新的商业活动有多少了解，可以采取哪些步骤（如果有的话）来确保新的商业活动符合城市的导则。

实例分析引申出的主要问题

城市管理人员没有对夜总会强制实施现有的规章制度，导致发生了火灾，其对城市中的商业活动负有重大责任，也让居民和游客对商家的安全性深感担忧。如果夜总会安装了灭火喷水系统，使用的吸声材料也不属于易燃材质，那么死亡人数本来是有可能大大减少的。

之前城市已经阐释清楚的建筑条例夜总会所有者并没有遵从，同样城市条例执行办公室的工作人员也没有执行。他们之所以会产生不端的行为一是因为缺乏对翻新项目的城市行政监管（即缺少适当的检查），二是因为缺乏对行政部门本身的监督，换言之，检查人员会对商家一查到底吗？

补充说明

这次事故的惨烈程度在美国历史上发生过的夜总会火灾里排名第四。100人死亡，超过200人受伤（Parker，2007）。有三人被刑事司法系统指控犯有罪行（Fortili，2003）。

2009年澳大利亚黑色星期六山林火灾

灾害第一阶段

现在由你负责澳大利亚维多利亚州所有应急人员的调遣。在过去的数年中，维多利亚州没有迎来任何降水，积攒出的大量热量使枯死的植物遍及各处乡村（The Day the Sky Turned Black，2012）。像大多数国家一样，维多利亚州拥有许多乡村地区，也有像人口稠密的墨尔本这样相对而言的大型城市。

1. *鉴于州内干旱少雨，你应该采取哪些行动？* 考虑到气候变得极度干燥，在不同部门之间签署协定是一项不错的预防措施，一旦乡村地区开始出现火情，按照协定就可以派出一线救援人员前去灭火。配备合适的设施对于应对大规模火灾是非常重要的，因为大片干枯的植物为火情迅速蔓延提供了最佳的条件，它们可以让大火一直燃烧下去。同时也应该配有一系列的地理信息系统地图，这些地图将会指明应对发生在乡村地区的火灾的方法，也会展示出如果城市发生火灾，各个城市有可能选择的疏散路线。

2. *如果潜在的火情突发在乡村，你需要哪些资源？* 如果火情发现得够早，还没有向乡村四周蔓延，且有消防车辆和飞机可以使用的话，那么便可以为人们快速扑灭任意一处火情提供一种好方法。灭火用的水源和化学试剂，也可以存放和预置在火灾可能会对大批居民造成伤害的地方。

3. *此时此刻，你应该为通信联络方案做些什么？* 你应该与维多利亚州的市民进行沟通，建议他们不要燃烧废物。如果外出露营，则要格外注意确保熄灭各处的营火以及注意妥善保管抽完的雪茄和纸烟，如果处置不当把它们扔在干燥的植物中将会产生致命性的后果。此外，可以开展一次强有力的运动来预防发生人为纵火，提醒市民如果因纵火罪被逮捕，则将会被提起严厉的刑事指控。

灾害第二阶段

2009 年的 2 月 7 日是一个星期六，你收到消息，已经发现了超过 100 处明火（The Day the Sky Turned Black，2012）。由于风速超过了每小时 60 英里，温度也超过了华氏 100 度，你很清楚如不及时采取行动，火灾将会迅速扩散（Siddaway and Petelina，2009）。

1. *你的行动方案是什么？* 此时，考虑到多处发生火灾，你应该汇集所有可以利用的资源。你需要保护的不仅是还没有燃起大火的土地，还有最为重要的市民的生命安全。因此，你需要动用一线救援人员首先应对人口密集区附近的火灾，然后再把重点应对乡村地区的火灾作为仅次于前者的要务。

2. *你需要动用哪些资源？* 你需要立即动员所有的消防人员，一线救援人员以及可以支持救灾的各种车辆。应该尽快将可以应对火灾的灭火飞机投入使用。你也应该思考如果大火开始危及该州人口密集的地区，人们会需要哪些资源来帮助疏散居民以及为他们提供临时避难场所。

3. *你的通信联络方案是什么？* 你需要告知所有居住在火灾蔓延路线上的居民马上疏散。需要联系地方政府一级和中央政府一级的机构，要求获得人力、车辆、物流或是医疗资源上的额外援助。你应该勤于联络一线救援人员，确保在奋力救灾中充分协同各方力量。

灾害第三阶段

现在你获悉，伴随着风速超过 70 英里每小时的强风，已经有 400 处互不相邻的地方发生了火灾。火灾不仅四处发生，而且燃烧的方向也在发生着变化，造成各处火情的规模和破坏程度都在急剧增加（Siddaway and Petelina，2009；The Day the Sky Turned Black，2012）。此外，现在除了 173 人遇难，超过 5000 人受伤，2029 户房屋被毁之外，这场火灾还烧毁了五个小镇（Australian Broadcast Corporation，2012）。

1. *你的行动方案是什么？* 火灾造成的后果仍然为你实施管控带来了诸多问题。遇难者遗体需要进行寻找和辨认。疏散出来的居民需要获得援助。然而 2029 户房屋被毁，以及人们的住房需求、饮食需求、药品和卫生设施需求，对物流系统来说都是一个很大的挑战。接下来摆在公共管理者们面前的挑战将会是怎样在州内重建社区以及从哪里筹集资金。

2. *你需要动用哪些资源？* 在大批伤者得到救治之前，短期内对医疗资源的需求将会一直处于高位。你还需要尽快找到可以作为临时住房和社区的场所，容纳进那些躲在临时避难所里的居民，然后储备各种供给，支持他们的生活。

3. *你的通信联络方案是什么？* 你需要就做了哪些事、接下来需要做哪些事、以及你需要哪些资源来为所有疏散出来的居民提供支持，与地方政府、中央政府进行沟通，还需要联系那些疏散出来的居民，让他们知道政府正在为他们的生活提供保障，以及旨在让他们搬进更加耐久的住房的方案有哪些内容。

实例分析引申出的主要问题

鉴于维多利亚州气候干旱，到处充满着干枯的植物，在火灾突发前曾有明确迹象表明会发生山林火灾。易受山林火灾影响的地区需要采取某些预防措施以及储备应对烈火的物资。与之相应，管理者们与其他政府机构达成合作协议将会是明智之举，协议会在遇到危机时提供资源上的支持。

补充说明

鉴于发生的山林火灾，政府出台的大量政策被重新审核。人们现在也在就一些政策重新探讨怎样做才是应对未来山林火灾的最佳方式（Hill，2012）。

第3章

自然因素致灾实例分析——飓风

1775年加拿大纽芬兰飓风

灾害第一阶段

现在你的身份是北卡罗来纳殖民地的总督[1]。9月9日你接到报告,有一股风力非常强劲的飓风正在朝你治理下的殖民地的海岸线袭来（Cox，1997）。你预计到殖民地的通信能力将会非常有限，或许只能依靠人力来向各个地方传递有关飓风的消息。

1. *你的行动方案是什么?* 你的办公室是否制定有应急方案是你需要考虑的第一件事。如果有现成的应急方案，那么接下来你应该确保方案所需的所有支持资源都准备就绪，可以应对风雨欲来的紧急事件。你也需要确保办公室里的所有工作人员每人手里都有可供使用的应急方案。如果没有可以利用的应急方案,那么你的办公室应该制定一份方案（如果有时间的话）并分发给办公室的工作人员。

2. *你的通信联络方案是什么?* 由于飓风可能会干扰到你习惯使用的通信线路，你需要找到联络殖民地其他组织机构和一线救援人员的替代方法。另外，与公众进行沟通也是非常重要的，它的必要性在于公众将会得知飓风将要来袭，殖民地低洼地区的居民应该进行疏散，港口船只也应该开赴到其他远离危险的港口区停泊。如果派遣通信员是你唯一可以利用的通信手段，那么你必须保证通信员人数充足，可以将一致的消息送往殖民地的所有地区。消息的前后连续性对于一线救援人员和公众来说极其重要。

3. *你将如何应对联络社区能力不足这一问题?* 有一个办法可以应对通信能力有限这一问题。各地方政府可以建立起更加协同互助的关系，各派一名代表坐镇分布各地的指挥中心。这些成立的指挥中心将会让发送信息变得更加快捷。分布各地的通信中心将会收到来自中央通信中心的信息。

4. *你会如何分配用来应对飓风的资源?* 全殖民地范围这一级别的支持资源一分配到乡村地区，资源就变得非常稀少。但是把更多的支持资源投入到海拔较低的人口密集区却更为重要，因为那里会受到更大的破坏，出现更多的伤亡。

1　尽管这场灾害被称之为纽芬兰飓风，但实际上飓风也袭击了现在已经成为美国两个州的北卡罗来纳和弗吉尼亚殖民地。

5. *你将使用何种能源来代替电力？* [1] 这取决于你是否拥有能够获得替代能量源的有用资产和资源。能够产生一些能量的风与水似乎是人们最有可能选择的资源。而在应对现代发生的危机中，便携式发电机使用的蓄电池和汽油则是产生能量的理想原料。

灾害第二阶段

现在有人和你说飓风已造成的破坏难以估计，它正在朝北方一块临近的殖民地移动。你知道有许多船只或是沉没，或是受损，超过 150 人已经遇难（Stone，2006）。

1. *你的行动方案是什么？* 这股正在向其他人口密集中心靠近的飓风显然威力巨大。对你而言，尽可能多地收集遭到飓风破坏地区的信息非常重要。有了这些信息，你就可以向这些受灾地区重新分配资源。由于你没有快速有效的电力供应和通信手段，所以改变殖民地资源的配置将要花上一些时间。

2. *你的通信联络方案是什么？* 有一个重要的信息需要与外界进行通信联络，那就是飓风正在朝着一处相邻的殖民地移动。你应该警告相邻殖民地的政府飓风正在迫近，所以你应该派出通信员向他们传递信息，飓风在抵达他们辖区的路上。此外，一旦你得到了更多信息，你就需要把它们传达给身处受飓风袭击地区的一线救援人员。

3. *你将如何应对联络社区能力不足这一问题？* 因为你联络社区居民的能力有限，所以你需要建立一个收容通信员坐骑的马房，以及各个指挥中心构成的信息分布网。你不仅可以借此发送消息，也可以收到当前飓风造成了多大破坏以及社区需要哪些资源的信息。

4. *你将如何分配应对飓风的资源？* 既然居民出现了伤亡情况，那么为了防止在人群中引发疾病和传染病，你需要更多的医护人员和验尸官来寻找遇难者遗体。现在最不应该出现的情况便是细菌性或病毒性传染病四处传播，殃及那些没有直接受到飓风影响的社区。

5. *你将如何协同你与北方相邻殖民地二者之间的救援工作？* 在两块殖民地进行的救援和恢复工作中，救援人员或许可以使用一些二者通用的支持资源。某种技术工人只在其中一块殖民地里有，另一块则没有，那么就可以把这种技术工人输送到需要专业服务的相邻殖民地。反过来，相邻的殖民地或许可以向你治理下的殖民地输送支持资源。

灾害第三阶段

现在你收到消息，飓风带来的风势和高水量使有的大坝已经发生了溃坝，有的大坝水位则正在愈来愈高（U.S. Department of Commerce，National Oceanic and Atmospheric

---

1　这场灾害发生时，现代的发电厂还没有出现，但是人们已经掌握了一些能够产生电力的方法（换言之就是使用马匹，风车，以及磨坊水车）。如果中央基础设施并没有电力可用，那么将需要管理者找到发电的替代方法。

Administration，2012；Ruffman，1996）。此外，你正在接收受灾情况报告。报告显示殖民地里的各处玉米田已经毁于一旦（U.S. Department of Commerce，National Oceanic and Atmospheric Administration，2012）。

1. *你的行动方案是什么？* 由于大坝正在发生溃坝，你需要对它们进行加固，防止发生任何洪水泛滥的情况。此外，你需要派检查人员调查其他没有发生溃坝的水坝情况。如果情况同样紧急，有必要展开应急修复工作的话，还要对水坝开始进行修复。

2. *你的通信联络方案是什么？* 你需要使用你的通信网络，召集所有可能和水坝与防波堤有关的工人开展水坝和防波堤的修复工作，以及其他防洪设施的检查工作。此外，你还需要告之水坝周边地区的公众，水坝可能发生溃坝，居民应该开始进行疏散。

3. *你将如何分配应对飓风的资源？* 你的组织机构还有另外两个问题需要解决：(1）为居民搜集食物，(2）为大坝修复工程找到建筑师和建筑工人。如果不对大坝进行修缮，或是进行妥善检查，本来会有更多的农田毁于水淹，更多的市民流离失所，可能还会有更多的人因为大坝无力蓄水而遇难。

4. *在救援过程中你的首要任务应该是什么？* 你应该把救援工作放在首位。但是，大坝检查项目和建筑工程，为居民搜集食物这些需要解决的问题也应该置于靠前的位置予以重视。一线救援人员都投入到了救援之中，不应因大坝的问题和搜集食物的问题悬而未决，还要让救援人员寻求解决办法。

5. *对于食品供应遭到灾害破坏这一情况，你会做些什么？* 这种情况要求你必须派人前往周边殖民地，看一看是否可以从其他殖民地政府那里购买到它们的食物储备或是获得政府捐赠。如果不行，那么你需要了解有多少经过加工的罐装食品可以汇集到一起，运送至将会受到食物短缺之扰的人口密集中心。

灾害第四阶段

飓风现在已经逐渐减弱。你收到报告，大量居民被迫离开了他们的家园，现在急需食物和庇护所（Stone，2006）。也有消息告诉你，飓风已经沿着海岸线夺走了超过4000人的生命（BBC Weather，2007）。你把骑在马背上的骑手当作通信员与殖民地内的各个应急单位进行联系，同时努力去提振居民对于境内终将重回稳定的信心。

1. *你的行动方案是什么？* 你此时要优先确保有充足的临时居所，供所有疏散出来的居民居住。你可以选择呼吁临近社区收容疏散出来的居民，直到你可以为他们提供住房为止。你也可以在飓风过后号召周边的殖民地协助你进行灾后恢复工作。届时需要有医护人员来照看伤者，有殡仪人员来收集遗体，防止传染病和疾病的传播。仍有一些救援工作需要进行，但是此时此刻，更多的资源应该转到灾后恢复的工作中。此时向军方提出援助要求是合情合理的选择，这样一来不仅可以向居民展现出情况处在政府的掌控之中，也可以利用军方额外的人力来支持开展灾后恢复工作。还有，你也需要构建起物流系统，好为市民运送由周边殖民地援助的饮食、药品，缓解市民的窘境。

2. *你的通信联络方案是什么？*你没有机动运输车辆可以使用，与外界的通信也完全依靠通信员马上步下跋山涉水。让需要发送的信息言简意赅非常重要，因为信息愈是复杂，被曲解的可能性就愈大。灾害中的这个时候，身为一名领导者你去访问受到飓风袭击的地区将是明智之举，不仅可以提振居民的信心，也可以掌握有关实际情况的一手资料。

3. *对于食品供应遭到灾害破坏这一情况，你会做些什么？*这次灾害发生时，冷藏技术还没有出现。但是，即便到了现代社会，如果切断了电力供应，冷藏食物也是无从谈起。在这种情况下尽可能多地得到经过加工处理的罐装食品就变得很重要了，因为它们可以让食物的储存和运输变得更有效率。此时你也必须考虑哪种运输方式更适合食物在各种天气条件下长途运输，而使用四轮马车来运输食物将会是你的最佳选择，食物在交抵受灾地区时也不会变质，仍然可以食用。

4. *你会如何解决居民流离失所的问题？*这个问题没有完美的答案。能够得到什么样的答案经常是基于有什么样可以利用的资源来建设住房（比如说木材，木匠等）。在永久性住房竣工前，搭建大量的帐篷或许可以算作是另一个解决办法。但是你必须谨记于心，某些居民可能无法长时间忍受恶劣的天气，比如帐篷里的老人和儿童。

实例分析引申出的主要问题

这个研究实例向我们说明了在缺少现代资源支持的情况下如何应对提供庇护所，保证供给和及时疏散这些问题所带来的挑战。在这次飓风灾害中暴露出的基础设施（即水坝）问题在最近发生的灾害（即卡特里娜飓风）中也同样存在。没有电力和现代通信技术的帮助，殖民地的居民只好让通信员或徒步或骑马四处传递信息来克服通信上的种种问题。在现代社会，通信设备可能变得更为新式，但也并不是总能保证这些通信设备会在面临危机时一直正常运转。管理者们需要有一套所用通信形式更为基本的备用方案来应对可能出现的现代电子通信设施失灵的情况。

人们没有能力保护住像水坝这样的基础设施，让飓风实际上造成的破坏比原本飓风自然发生所带来的破坏更加巨大。像水坝这样的建筑出现溃坝会导致大量的存水倾泻而出，泛滥成灾，不仅造成人员伤亡，而且危及其他诸如桥梁、房屋、商户这样的基础设施。管理者们需要意识到水坝在飓风、地震中所遇到的危险往往突如其来，所以应该对其进行相应的常规检查和更新。水坝突发溃坝会造成严重破坏，也使其成为了第二次世界大战中的袭击目标，英国人就发明出了一种专门用来攻击水坝的武器，让纳粹德国的工业核心区泛滥成灾（Rainey，2011）。

飓风除了造成人员遇难外，还使船只沉没，基础设施受损，农业一片狼藉。发生这次危机时，还没有出现现代的通信设施、交通运输和建筑材料。即便到了现在，世界上有许多地方在发生自然灾害时情况依然如是，没有可以使用的现代成果。世界欠发达地区的管理者们应该注意到这些问题，并最大限度地努力巩固基础设施，以期安然渡过自然灾害。

补充说明

这次飓风位列有史以来极端飓风天气中的第八位（Stone，2006）。

1900年美国得克萨斯州加尔维斯顿飓风

灾害第一阶段

现在你的身份是一座拥有42000人的大型沿海城市的城市经理（Cline，2000）。你对可能会有飓风袭击你的城市并造成大范围的人员遇难和设施破坏表示忧虑。你已经见证了飓风两次袭击印第安诺拉（Indianola）市的悲剧。由于当地社区遭受到的破坏难以修复，印市的居民最终选择放弃印第安诺拉，另辟居所（Texas State Historical Association，2001）。你市的许多居民希望修建一道防波堤来遏制飓风可能带来的危害，但是管理层对他们的请求却充耳不闻（Cline，2000）。

1. *你的行动方案是什么？* 城市经理需要激发出管理层对修建防波堤的支持。为了得到这方面的支持，你需要赢得市长和城市委员会的赞同。修建防波堤需要他们提供必要的政治支持。此外，你应该让你的职员专为应对飓风天气制定出一个城市应急行动方案。在制定应急行动方案同时，还要聚焦于制定相关的疏散方案，以及确定哪些设施在飓风天气下易受灾害影响，需要引起一线救援人员的注意。通信系统应该准备就绪，一旦居民需要疏散出城市，他们可以立即收到通信预警。风暴预警塔系统可以进行装配，一旦飓风或暴风雨临近海岸，就在预警塔升起不同颜色的信号旗以示飓风或风暴的强弱程度。尽管今天好像已经没有人再使用这套系统，但是风暴预警塔在现代电子通信时代到来之前是非常有用的。另一个有用的通信设备是电报机，如果风暴在来临之前被另一个城市发现了，那么这个城市就可以向你市发送电报，告知暴风雨正在向你市社区靠近。

2. *一旦飓风袭击你的城市，你应该准备好哪些资源？* 如果发生紧急事件，你应该确保你的城市有随时能够动用的食物储备、水源以及药品。此外，你需要一线救援人员来执行特别的任务（比如停用公共管线，搜救等）。能够拥有电话或是电报通信系统是最为理想的情况，但是你也应该准备好通信员系统作为备用，以防主要通信系统的失灵。

灾害第二阶段

居民和城市委员会都认为无需担心飓风天气，因为从未有风暴给这座城市带来过巨大破坏。你市的市民相信他们是安全的，不需要为应对这样的灾害制定一个行动计划（Cline，2000）。但是到9月4日，你收到消息有一股热带风暴可能正在朝你市方向运动（NOAA Celebrates，2007）。

1. *你需要采取哪些措施来应对可能袭击你市的飓风?* 由于疏散工作耗时会很长，你现在应该开始用火车、船只和马车来疏散城市里的居民。此外，你也应该开始加固已确认需要保护的设施，使其免受即将到来的飓风破坏，同时确保已经汇集起各种供给物品，为那些可能在飓风来临前没能撤离出城市的市民提供支持。

2. *面对市民和市政府的阻挠，你会如何实施你的行动计划?* 身为城市经理，你主管着市政工作人员，应该动用你的影响力来收集在城市管辖范围内的各种资源。你应该通知那些在飓风来袭时仍然选择留守的市民，考虑到情况极度危险，应急部门到时将不会派出一线救援人员应对灾情，留守市民只能自力更生。

灾害第三阶段

国家气象服务（National Weather Service）现在已经发布一则公告，称飓风将于9月7日袭击你市（NOAA Celebrates，2007）。但是现在极其温和的天气让你市市民对于疏散毫无兴趣（Galveston Newspapers，2007）。9月8日上午9点45分，通往美国本土的火车轨道被大水冲垮，乘坐正在行驶在那段轨道上的列车的乘客，不得不转移至另一趟救援列车才最终撤离到安全地区。之后出发的另一趟列车和车内的95人则被正在上升的水位所困。现在你市正在遭受飓风的袭击，有超过一半的城市街道浸没在水中（Cline，2000）。你与本土之间的联系被大水完全切断，既没有通信手段，也没有来自本土的资源能够运抵岛上。作为一名管理者，你需要克服许多棘手的障碍来保护你市的市民。

1. *你需要哪些资源?* 你需要必要的支持资源来营救被困在列车中的95人。此外，你还需要观察为居民提供的免受飓风所扰的避难所是否充足。

2. *你的行动方案是什么?* 此时，除了等待风暴结束，你做不了任何事情。因为作为一名有良知的城市经理，你不能让一线救援人员在风暴肆虐中以身犯险。

3. *你将如何营救被困在列车中的95人?* 如果你手下有愿意尝试进行营救的人选，且营救方法切实可行，能够成功进入被困列车，那么你可以决定派遣一线救援人员营救乘客。要是情况不允许，那么这95人可能会遇到不测。

灾害第四阶段

你现在已经得知列车上有 10 人已经成功逃进附近的灯塔，还有 200 名避难的居民也在灯塔那里。列车上其余的 85 人因列车被水淹没而不幸遇难（Frank，2003）。你也已经获悉有超过 3600 栋建筑和房屋被毁（Weather Channel Interactive，2007），遇难人数在 8000~12000 人之间（Texas State Historical Association，2002）。本土一座大型城市已经开始向你市提供援助，同时应你之需要，得克萨斯州州长也正在向你市输送支持资源对抗灾害（Lester，2006）。

1. *你需要本土城市和州长提供哪些资源？* 你会需要一线救援人员，饮食药品，基础设施维修工人以及医疗人员。此外，你还需要负责搜寻和埋葬尸体的工作人员。由于大量建筑和房屋被毁，居民对于临时住所也将会有很大的需求。

2. *你将如何与城市社区和其他政府机构取得联络？* 电话系统如果还在运转的话，就可以作为与外界社区与政府机构联络的主要方式。如若不然，则可以选择电报系统，或者也可以动用通信员骑马奔走进行联络。

3. *既然飓风已经离境，你现在的行动方案是什么？* 开展搜救工作将会是你的首要任务。其次是为那些现在已变得无家可归的居民找到避难居所，以及为生还者提供必要的资源来延续他们的生活。

4. *为了应对发展变化中的新情况，你将会关注哪些方面的动向？* 那些经常遭到一种特定自然灾害威胁的城市，需要与地方社区达成协议，发生危机时双方应互相支持。这些协议也允许城市之间互相支持，提供如饮食、人员、医疗救助这样的资源。

实例分析引申出的主要问题

为防止人员遇难，急需制定出疏散方案，这是至关重要的。在这个研究实例中由于时代所限，城市管理者们没有像今天这样对飓风来临准确做出预警的能力。筑起防波堤或许可以抑制住潜在可能造成的危害，但是当飓风迫近人们居住的社区附近时，归根究底还是应该疏散城市中的居民。1900 年得克萨斯州加尔维斯顿飓风至今仍为美国最为致命的飓风。在这次飓风中，遇难人数在 8000~12000 人之间，城市大片地区被毁（Cline，2000）。

补充说明

飓风来临之前，加尔维斯顿是墨西哥湾地区的主要商贸城市。而飓风过后，加尔维斯顿却被取而代之，多数商贸活动开始转向休斯敦，围绕休斯敦市发展起商贸能力。

2005 年美国卡特里娜飓风

灾害第一阶段

现在你的身份是美国路易斯安那州州长。8 月 23 日，你获得消息将会有一股飓风登陆州内一主要海港城市（Preparation for Hurricanes，2007）。尽管这座城市已久经飓风考验，但据预测这次飓风强度将会达到 3 级（Solar Navigator，2007）。风暴现已接近佛罗里达。8 月 26 日为应对飓风的到来，美国海岸警卫队开始部署兵力并启用了 400 名预备役人员参与准备工作。你已要求联邦政府宣布该州进入紧急状态，为必要时该州获得援助赢得便利（USCG Stormwatch，2007）。

1. *你的行动方案是什么？* 州长需与该海港城市市长保持密切联系，确保疏散规划能够完全满足疏散市民的需求。此外，需确保有充足的交通服务人员和设施为没有私家车和不会开车的居民提供疏散保障（比如住院病人，养老院老人等）。州长同样应确保海岸警卫队保持警戒状态，并时刻准备协助受飓风袭击地区居民疏散以及设立水障（如堆砌沙袋），保护社区。推迟所有船只前往该海港城市的航班，海港内船只则在飓风抵达前离开海港。

2. *你的通信联络方案是什么？* 州长应与地方社区官员和可以提供飓风援助的联邦有关机构保持通信联络。此外，州长应与辖下负责应急管控、法律执行、基础设施的各局领导保持联系。

灾害第二阶段

尽管该城市 80% 的市民已经撤离，但是仍有 20% 的市民因为各种原因还留在城市里（Brown，2005）。你已经要求联邦紧急事件管理局提供紧急事件援助（New York Times，2005），但其至今没有给你答复。全州计划分三阶段进行受灾地区居民的疏散。在风暴抵达海岸线之前，30 小时之内，州内最大沿海城市居民需完全撤离（Louisiana Homeland Security and Emergency Preparedness，2007）。但是你刚刚收到消息，你管辖的最大城市的私营收容所、医疗机构、老年社区因为私营交通运输公司据不遵守交通运输方案而无法撤离（Times Picayune，2005b）。更为雪上加霜的是，燃料短缺、出租车稀少、公共交通也停止了服务（Office of Public Affairs，2005）。

1. *你会采取哪些行动？* 身为该州州长，你需要联系该市地方官员询问疏散工作不能如期完成的原因。疏散工作中存在的问题由能够促成最终完成这项工作的各方人员和设备进行补救。州工程师和公共交通工作人员对当地堤防系统进行加固，哪怕只是维持到等所有居民都安全撤离再让堤坝溃坝。如果居民因为缺乏交通工具而无法撤离，则由国民警卫队派出卡车或直升机帮助撤离。

2. *你需要哪些资源？*工程师，施工队伍，交通运输司机以及执行任务所以需的辎重车辆和必要的重装设备。

3. *你的通信联络方案是什么？*州长需要与地方官员，国民警卫队，州高速公路运输局以及派遣各方救援人员的州级各方长官保持密切联系。州长也应呼吁联邦紧急事件管理署和美国海岸警卫队给予援助，为那些由于飓风和洪水袭击已经被迫逃离以及需要疏散的居民提供支持。

灾害第三阶段

8月28日，该州最大港口城市市长批准居民强制疏散令。飓风强度也提升至五级（Solar Navigator，2007）。该市市长将一座能够容纳26000人的地方体育场指定为避难中心。但是这个被指定的避难中心并没有任何食物储备和可饮水源（Times Picayune，2005a）。也是在这一天，该地加拿大国家铁路公司，美国国家铁路客运公司和沃特福德核电站都完全停止运营（Angelfire，2005）。

1. *你的行动方案是什么？*由于地方官员没有能力或者说不情愿让居民全部疏散，因此州长应介入并命令国家警卫队帮助城市中居民撤离。此外，紧急事件应对人员应首先保障食物、饮用水和药品供应充足，并确保指定避难中心安保无忧，因为联邦紧急事件管理局仍然没有就援助请求做出回应。

2. *你的通信联络方案是什么？*州长应直接向公众呼吁立即从城市撤离，每一位公民都可以摆脱飓风的侵扰。此外，州长应与该市周边城市联系，询问是否能够在交通、食物、饮用水、药品上向该市提供援助。州长应继续争取与联邦紧急事态管理署取得联系，并继续要求提供支援。

3. *城市基础设施开始相继失灵，你该如何疏散居民，如何向重点区域提供电力供应？*州长应为撤离居民聚集点争取提供便携式发电设备，让撤离居民有电可用。州长应命令州高速公路运输局只要有一丝可能就要保持高速开放并为撤离居民提供便利。

灾害第四阶段

8月29日，你治理下最大的城市新奥尔良遭到飓风袭击（Think Progress，2007）。城市53座主要堤坝溃坝，80%以上的城市区域陷入汪洋（MSNBC，2005）。你收到报告，因为洪水肆虐，一些市民被困在家中，州内几十万居民的生活用电被切断（U.S. Department of Energy，2005）。飓风造成伤亡情况得到确认。由于高强度降雨，庞恰特雷恩湖洪水泛滥，殃及该城周边众多城郊社区。从庞恰特雷恩湖倾泻而出的洪水也使连结城市和城郊的数座桥梁或损或毁。由于污水处理设施同样遭受洪水袭击，居民用水中的有害化学物质大量增加，向市民提供干净的饮用水成为迫在眉睫的问题（Angelfire，2005）。

1. *你的新行动方案是什么？* 因沿海警卫队拥有专业设备（如直升机、人力），州长需要求其提供搜查搜救援助。此外需要联系美国环境保护局（Environmental Protection Agency，EPA）协助解决在城市不断泄露的各种危险品问题。另一项需要优先考虑的任务是恢复堤坝储水防洪功能，使用水泵抽水降低城市中洪水水位。

2. *你需要获得哪些资源？* 州长需要交通、搜寻搜救队伍帮助转移受困居民。此外，需要有工程建设队伍和工程师负责修缮堤坝系统，阻止洪水再次涌进城市。如果有可以使用的架桥设备，则可利用其搭建形成一条城市疏散通道。

灾害第五阶段

8 月 30 日飓风开始离境（U. S. Department of the Interior，2007b）。但是一系列新的挑战又摆在你的面前。你治理下最大的港口城市开始出现抢劫，蓄意破坏和使用暴力的现象。地方执法机关附近不时响起枪声，你动用国民警卫队，向其下达命令阻止所有犯罪活动。由于大量的警察和消防员抛下本职，逃之夭夭，遏制暴力犯罪变得愈发困难（Thevenot，2005）。此外，该港口城市的市民没有接到任何联邦紧急事件管理局提供的食物、饮用水和避难场所的援助。你治理下拥有众多如美国红十字会这样的非营利性机构。这些机构愿意为灾区提供补给和支持，但是由于灾区持续发酵的犯罪行为，自愿支援人员无法冒巨大风险进入灾区。美国海岸警卫队倒是成功解救了超过 33500 名被困市民，比总数 60000 名的一半还要多（U. S. Government Accountability Office，2006）。

1. *你将如何应对发生在该港口城市的暴力和犯罪活动？* 州长应动用州警察力量，如有可能，还应要求其他城市执法机关共同保障非营利性机构开展减灾活动的各方面安全。州长应要求国家警卫队务必遏制指定避难场所周边的暴力行为，并且阻止放冷枪和抢劫行为的发生。

2. *你将如何顺利获得资源去帮助被困市民？* 州长不得不依赖于拥有直升机的任何公司或个人，向被困群众投送食物和饮用水。或者搭载小船为被困居民运送给养。

灾害第六阶段

飓风过后一片狼藉，损失惨重。1836 人死于非命，造成全境 860 亿美元（2007 年估算）的经济损失（U. S. Department of Health and Human Services，2007）。联邦紧急事件管理局局长引咎辞职，该港口城市市长被指应对危机指挥不力，你的管理能力也受到质疑（Associated Press，2005a）。

1. *你的下一步行动方案是什么？* 此时州长首先要关心的是为逃出灾区的居民提供临时避难场所。此外，州长需要动员社会各方更多的力量参与到堤坝系统和相应水泵的修缮工作之中，防暴风雨于未然。最后一点，州长应从全局考虑居民如何重返家园以及如果居民房屋被毁，在哪里安置居民。

2. *你的通信联络方案是什么？* 州长应向公众征集意见制定灾后恢复规划，并与联邦紧急事件管理局和美国红十字会一道援助无家可归者。应告知仍寄居在其他城市的居民如有可能在临建住宅竣工前不要重返家园。

实例分析引申出的主要问题

灾害反应工作需要许许多多政府机构提前做好准备，这样做不仅是为了预防潜在灾害，而且在面对危机时能够与其他州和联邦政府机构开展更有效的合作。如果各自为战，貌合神离，那么很有可能造成公共服务的分崩离析，接下来如搜寻搜救工作的问题、大量人口疏散的问题便会接踵而至。此外，地方、州和联邦三级政府难以开展有效的合作，使最终危机的后果远比飓风刚刚登陆新奥尔良时所预估的严重。三级政府在采取行动时分工不明、合作混乱，使灾情雪上加霜。交通运力不足、基础设施失灵、指定避难场所食物和饮用水缺乏，这只是三级政府无序合作下众多恶果中的三个而已。如果州或联邦政府的援助难以落实到位，那么地方政府必须调动一切可以利用的要素自行救灾。一个城市应与其周边潜在支持城市制定合作框架。在面对危机时，这些周边城市能够提供实实在在的帮助。

这个实例中的败笔不一而足，包括新奥尔良市民疏散失败，为无车市民提供撤离机制保障失败，新奥尔良地区堤坝溃坝，联邦政府无法及时有效救助新奥尔良被困市民。此外，在危机后勤保障和有效控制犯罪问题上也是漏洞百出。当地市民死伤惨重，房屋财产损失巨大，需要大量资金进行修缮或重建。新奥尔良市的许多居民已经移居（许多人是永久性的）到其他城市，这使新奥尔良的人口短期内大大减少。调查组进驻参与卡特里娜飓风救灾工作的各政府机关，揭露出其在运营机制、后勤保障、应急方案以及应急管控中的领导能力均存在问题。

补充说明

关于在新奥尔良超级圆顶体育场暴力活动盛行的报道并不属实。实际上，暴力活动要比当时媒体报道的少得多（Thevenot，2005）。

2005 年美国丽塔飓风

灾害第一阶段

现在你的身份是某一联邦机构主任，该机构的任务是负责监管受到自然灾害波及地区的人员营救与减灾工作。9月20日，国家飓风中心（National Hurricane Center）确定有一次新的飓风活动已经形成并正在向美国靠近（National Weather Service，2007）。

1. *你的行动方案是什么？* 身为主任，你应该开始编制一份清单目录，了解城市现有哪些如食物、水源以及医疗用品这样的供给物资，能够用来应对飓风天气。此外，你也应该开始制定一个关于如何将供给物资快速输送出去的方案，如果可能的话，对于临近可能受到飓风袭击的沿岸地区的仓库里，支持资源如何配置的问题也应该纳入方案。

2. *你需要获取哪些资源？* 你需要用来搬运供给物资的人力资源，以及向重点位置运送物资的机动车辆。此外，你还需要用来提供给人们的临时避难所，便捷式发电机以及发生紧急事件时用以保存食物和药品的冷藏设备。

3. *你需要联络哪些政府机构？* 对于决定哪些资源可能是社区所需要的，联络可能受到飓风袭击地区的州和地方官员具有至关重要的作用。此外，你需要与其他联邦部门的领导进行沟通，为供给物资能够到达最需要它们的地方而协同各方工作。

灾害第二阶段

9月21日，某州州长动用了1200名国民警卫队员，1100名州警卫队员，以及州野生动物监察官来应对这次即将来临的飓风天气。此外，该州州长改变了州际高速公路的车流走向，变公路为单向行驶——只允许车辆从该州主要海港城市向外疏散（Hays，2005）。你收到好消息，各大医院中的病患和卧病在家的老弱已经被转移到了不会受到飓风波及的城市（Easton，2005）。但是，你也意识到该州出现的交通堵塞让疏散工作没有你预想的那样快。此外，有许多国家炼油生产中心极易遭到飓风的破坏（Townsend，2005）。

1. *你让疏散车辆得以顺畅行驶的方案是什么？* 你应该努力在疏散路线沿途为车辆提供加油站点，为驾驶员提供饮食。你应该联络州应急反应协调人员，了解是否有变更疏散路线或是将车辆逐步引入不同高速公路的替代方法，以起到临时缓解交通堵塞的压力。

2. *你将如何对炼油厂进行保护？* 你应该与美国环保署密切合作，运用环保署提供的资源对炼油厂进行保护。在飓风袭击炼油厂之前凡有可能，应该把能够转移走的燃油和化学品都转移走，避免发生与危险化学物质有关的各种事故。

3. *你的通信联络方案是什么？* 你应该与其他联邦机构的负责人、州政府和地方政府的官员保持联系，协同好各方救援工作，作出富有成效的灾害反应。

灾害第三阶段

9月24日，飓风在两相邻州之间的海岸地区登陆（Hurricane Headquarters，2007）。

其中一州受飓风袭击沿海地区影响，州内有三个社区完全被摧毁，其余六个社区损毁严重（Struck and Milbank，2005）。200万人现在失去了电力供应（Diamond，2005），财产损失预计高达100亿美元（National Weather Service，2007）。估计已有82人遇难，死因有的是由于风暴直接造成，有的是由于间接原因导致（Knabb，Brown and Rhome，2006）。

1. *为了扭转200万人无电可用的局面，你会怎么做？* 你应该试着了解有没有可供使用的便携式发电机可以部署在被风暴切断电力供应的社区里。你还应该努力为一直没有进行补给的设备填充燃料，有了燃料的支持，设备的运行速度相对来说会更快。

2. *对于已经遭到飓风袭击的社区，你的援助方案是什么？* 你需要主动通过物流运输向没有食物、水源和医疗用品的城市输送物资。尽快通过可以使用的公路向受灾最为严重的地区运送物资，援助救灾。对于道路中断的地区，则需要动用直升机向那些社区运送物资。

3. *你联系其他机构和非营利性组织的通信联络方案是什么？* 你将需要与联邦紧急事件管理局、联邦机构、州一级机构、非营利性组织保持联系，确保所有的社区都会由以上这些组织机构中的其中一个提供服务与援助。如果你没能保持与其他组织之间的沟通，那么就会出现救灾投入分布不均的危险，有的受灾社区会受到过量的援助，有的则无人问津。

4. *为帮助市民重返家园你的方案是什么？* 你需要向房屋被摧毁或破坏的居民提供临时住所。可移动住房（如房车）、旅店等等都可以作为临时住所使用。

实例分析引申出的主要问题

大规模疏散不仅需要有必要的基础设施来解决交通负荷过重的问题，也必须要考虑到允许车行增加的必要支持结构（如汽油）。如果疏散工作是分阶段实施的，那么一定要确保严格按照各阶段要求进行疏散，避免在同一时间同一道路上大量车辆蜂拥而至，挤在一起。

在这一实例中由疏散居民引发的交通堵塞是一个需要关注的焦点。数百万市民在同一时间驾驶车辆出现在同一条州际高速公路上，迫使车辆放慢速度缓缓前行。当下达正式的疏散命令时，之前就自发离开城市的人们已经在他们的车里度过了好几个小时，但他们现在抵达的位置离出发城市一点也不远。至少得克萨斯州利柏提（Liberty）的一个前任城市经理，讲述了他当时是如何和他的职员一起向那些堵在路上数小时的驾驶员一杯一杯分发饮用水。丽塔飓风可能在休斯敦大都市区登陆的消息让这一区域内的驾车者试图远离这里，可是制定出的物流方案有所欠缺，导致了他们一路上缺吃少喝，也没有汽油供应。

补充说明

丽塔飓风单在得克萨斯州一地就造成了 80 亿美元的损失，成千上万的居民因为基础设施受损在数周的时间内无法重返家园（Struck and Milbank，2005）。至少有 90 次爆发的龙卷风与丽塔飓风有关。在密西西比州的杰克逊市（Jackson）出现了迄今为止在单一事件中爆发次数最多的龙卷风天气（2012）（Knabb，Brown and Rhome，2006）。

第4章

自然灾害致灾实例分析——洪水

1889年美国宾夕法尼亚州约翰斯敦（Johnstown）洪灾

灾害第一阶段

现在你的身份是一个有30000名居民的城镇镇长。城镇主要由德国裔蓝领炼钢工人构成。但不幸的是，你的城镇地处洪泛平原，两条河流交汇之地，而且人们为了让城镇能有更多的土地用来建设住房和其他建筑，河岸也变得愈发狭窄。以上这些因素导致此地时有小规模洪水发生。此外，位于上游的南福克水坝（South Fork Dam）急需维修保养，但是负责维护工作的地方渔猎小屋却并没有尽到责任（U. S. Department of the Interior, 2007a）。

1. *你的行动方案是什么？* 因为水患一再发生，而且今后也有可能成为更加严重的问题，所以作为当地的领导者，你应该鼓励人们就洪水这一问题采取各种预防措施。你应该承担起重新审核城镇规划和区划条例的研究工作，并指导城镇委员会采取行动限制某些沿河发展的活动。你还应该为城镇居民制定出应急行动方案和疏散方案，并找到突发紧急事件时可能需要的资源。此外，南福克水坝应该得到适当的维护和安全评估，以确保整个城镇不会遭到任何灾难性溃坝事故的殃及。

2. *你的通信联络方案是什么？* 你的通信联络计划里应该包括有城镇委员会的委员们，需要让他们意识到如果水患等问题不能得到恰当的解决，那么潜在的险情就会在城镇发生。此外，你应该开始与城镇的工作人员和房屋开发商一道，不断支持城镇规划和建筑条例的优化工作。你还应该与负责维护南福克水坝的团体与城镇一线救援人员保持联络。对于整个当地社会来说，应该让他们知晓现有应急方案或是疏散方案的内容。支持资源也需要准备好，确保一旦发生灾情，你可以与城镇居民取得联系。

3. *你需要获取哪些资源来应对已经出现或者是可能出现的问题？* 得到支持资源来修补南福克水坝是你将要面对的众多更为重要问题中的其中一个。现在普通民众对于修补水坝或是维护水坝还是没有一点紧迫感。

4. *为了实现你的行动方案，你需要与哪些政府实体进行沟通？* 正如之前所说，你需要与城镇委员会沟通成功，这对于获得需要用来修补水坝的资源是最为迫切的事情，而对于建筑条例和有关哪些发展活动可以继续沿河开展的区划条例是否可以获得通过，与城镇委员会的沟通也是同样重要。你也需要与城镇的最高级别管理者进行沟通，以获得管理人员对于制定应急方案或疏散方案的支持。

灾害第二阶段

5月31日下午4:07，一场暴雨过后，南福克水坝发生溃坝。溃坝致使高达60英尺，多达20吨的坝内蓄水以40英里每小时的速度汹涌流向你的城镇（U. S. Department of the Interior，2007a）。

1. *你的行动方案是什么？*你必须告诉你的工作人员，需要调动所有的一线救援人员对城镇居民进行疏散，疏散工作从离河最近的居民开始。由于洪水很快就会到达城镇，你此时除了努力疏散城镇居民外，采取不了其他任何措施。在这个关键时刻，留给你采取行动的时间，可供你选择用来缓和洪水影响的方法都极其有限。疏散城镇居民是你考虑过洪灾中发挥作用的各种因素后作出的最佳行动方案。

2. *你的通信联络方案是什么？*你需要对城镇居民进行疏散。为此，你必须借助任何可能的方式告诉居民他们应该往高地疏散。由于你没有现代通信设备，所有你需要依靠通信员手持话筒徒步传递信息，或者为他们配备马匹，这样传递信息更快。

3. *你需要哪些资源来应对即将到来的洪灾？*你需要各种形式的通信手段，从徒步通信员到马上信使，他们既可以向城镇居民传递信息，也可以协调各处一线救援人员的疏散工作。如果有电报系统可供选择，你应该试着联络其他社区，请求获得食物、医疗资源以及一线救援人员的援助。如果没有，你则需要派出骑马信使与其他外部社区进行联络。

灾害第三阶段

10分钟之后，成千上万的人不是被洪水卷走，就是被困在下游一座石桥的桥墩下面。石桥拦下的随洪水而来的各种残骸引起了火灾，造成至少80人遇难。另有数千人在洪灾中得以生还，他们有的依靠残骸漂浮在水面上，有的被困在住房的阁楼里（U. S. Department of the Interior，2007a）。

1. *为应对目前的危机，你的首要任务有哪些？*你应该指挥一线救援人员执行搜救任务，尽快把落水居民拖拽上岸。下一个阶段的搜救任务应该把目标定于困在阁楼中的人们，要把他们从阁楼中拉出来带到安全地带。身为镇长，你应该开始联络周边城市，寻求为搜救工作提供更多的一线救援人员。

2. *你已经准备好的行动方案是什么？*紧急事件发展到此时，还没有一个行动方案是行之有效的。因此，你需要创造出富有成效的搜救策略，策略既要包括如何扑灭桥墩处的大火，又要包括如何开始救援困在阁楼中的人们，这才是你需要制定出的行动计划。一线救援反应人员将会需要斧头和其他伐木工具为现在困在家中的居民打通一条逃生通道。

3. *你怎样才能够与居民和其他政府机构取得联系?* 现在不存在与外界的通信联系方式，除非外界政府机构拥有正常运转的电报系统，否则就无从谈起与他们取得联系。通过骑马的通信员向其他城市传递信息倒是有可能实现与外界的通信联系。

灾害第四阶段

伤亡人数正以惊人的速度上升。城镇已经完全被毁，你现在不得不为是否能替受灾居民筹集到足够的食物和药品而担心（U. S. Department of the Interior，2007a）。作为一名管理者，你面对着照顾好受灾居民的艰巨任务。洪灾过后一片狼藉，你的首要任务将会有哪些?

1. *你将如何继续为缓解社区居民的饥饿和病痛而努力?* 要从城镇外面进口食物和水源来维系生还居民的生命。要从周边地区引入药品和医疗人员来救治伤病，或者把伤病人员运送到城镇外有医疗设施的地方也是可以的。

2. *你应该获得哪些资源?* 你会需要避难所、食物、水源、医疗物资以及帮助生还者的医护人员。此外，你还需要派遣人员找寻遇难者遗体并安排埋葬事宜，这样传染病和其他疾病就不会成为威胁生还者的隐患。

3. *针对疏散出来的居民，你的行动方案是什么?* 你应该尽快搭建临时避难所。对于那些可以去其他城市投靠亲朋好友的居民，你应该为他们提供交通上的便利，让他们在其他城市住有所居。要把修缮那些可以快速修好的住房作为优先考虑的事项，这样一来对于临时避难所的需求就会减少。此外，你需要确保每个受灾者都会获得经济援助，让他们在得到救济的同时能够重新开始他们的生活。经济援助可能要从州一级或联邦一级政府这些外部政治实体中获取。

实例分析引申出的主要问题

归私人所有的南福克水坝年久失修是造成这次洪灾的原因。城镇的居住用地和商业用地都是沿谷地而建，同时汹涌的水流也是沿谷地裹挟而出奔向城镇，所以维护好水坝可以使城镇免受水患，对于城镇至关只要。一般的建筑甚至商业建筑都难以承受住洪水猛烈拍打在建筑上的压力。就算是最为现代的建筑结构在破坏力如此巨大的洪水面前也会被冲垮卷走。极快的洪水流速也限制住了居民可以向安全地点疏散的时间。

如果基础设施位于影响地方居民安全的要地，即便它属于私人财产，也需要执行相关规章，接受专人监管。此外，应该避免在易发生洪水的河岸地区建设房屋。这一实例向我们阐述了为什么投入到城市规划和区划中的努力是如此重要。如果规划和区划适当，居住用地和商业用地本来是可以远离环绕水道的洪泛平原进行布局的。

补充说明

超过 2209 人在约翰斯敦洪灾中遇难，许多居民无家可归（Johnstown Flood Museum，2012）。负责南福克水坝日常运营的渔猎小屋在水坝溃坝事故后成为了众矢之的（U. S. Department of the Interior，2007a）。

1913 年五大湖区暴风雪

灾害第一阶段

现在你的身份是美国中西部一大型工业港口城市的城市经理。11 月 7 日，温度骤降，大风四起，天上开始下雨，你对天气的剧烈变化感到吃惊。风速达到 40 英里每小时的狂风吹倒了树木，掀翻了通信线路（Ohio Historical Society，2006）。此外，越来越多的冻雨和湿雪附着在路面上，给交通运输带来了隐患（Ohio Historical Society，2006）。

1. *你的行动方案是什么？* 作为城市经理，你应该知道用来应对寒冷天气灾害的资源和人员都在什么地方。此外，你应该联系地方媒体，让他们建议市民提前采取如包裹水管这样的措施来应对严酷的天气，确保市民手头上有能让他们房屋保持适宜温度的资源和大量的饮食储备。

2. *你觉得现在你需要哪些资源？* 恶劣的天气可以让通信和交通陷入瘫痪，因此你需要确保手上有适当的资源用来清理道路以及修复电信线路。此外，应该准备好庇护所，让无家可归的人在寒流天气下有一个可以停留的地方。医疗设施和人员应该处于高度戒备的待命状态，准备为潜在的病人进行医治。

灾害第二阶段

你收到报告，在航道行驶的船只正在下沉。此外，由于乳制品和食物供给都滞留在有轨机车里面取不出来，现在出现了食品短缺的问题（Ohio Historical Society，2006）。

1. *你的行动方案是什么？* 你应该指挥海上救援单位执行搜救任务帮助航道内下沉船只脱离困境。另外，有两件事你应该首先考虑，一是修复通信线路，二是为了能够畅通无阻地运送食物和饮用水，需要清理干净道路，让那些得不到补给的人有饭吃有水喝。你也可以考虑使用不需要依托道路的交通运输形式向居民输送食物和饮用水。

2. *你的通信联络方案是什么？* 你应该向在航道内行驶的所有船只发出信息，马上回港停泊，在暴风雪结束前不得出海。此外，你应该试图与周边地区进行联系，看一看它们有哪些资源可以用来帮助修复基础设施，同时也争取从其他地方城市、州政府和联邦政府那里得到更多的资源。

3. *你将如何应对港内有船只开始下沉的情况？* 你应该征调你能够找到的工程师或是海上救援专家帮助抢修正在下沉的船只。此外，如果港内有拖船可以使用，可以让它们把海上事故船只拖回港内等待维修。

灾害第三阶段

现在风越刮越大，已经成为风速超过 74 英里每小时的狂风（Dallaire，2004）。最新从海港方面发来的报告不容乐观，已有 235 名船员遇难，12 艘船只沉没（Ohio Historical Society，2006）。但好消息是，农民正在用马拉雪橇为人们运送乳制品和食物供给（Ohio Historical Society，2006）。为预防突发火灾，你已要求童子军（Boy Scouts）清理干净消防栓周围的积雪。由于许多建筑已经倒塌，再加上大雪封路，预防火灾变得尤为重要（Ohio Historical Society，2006）。

1. *此时你需要哪些资源？* 你应该筹集医疗物资，召集医疗人员和殡葬从业者来应对不断上升的死亡人数。清理道路的重要性愈发得到凸显，不仅是因为食物和饮用水需要经由道路运输，而且如果突发火灾，一线救援人员也可以及时赶到扑灭火情。此外，救护车运送伤病也需要道路畅通。在海港方面，你需要加倍投入援助，抢救下沉船只，同时疏散饥寒交迫濒临死亡的船员。

2. *此时你应该向其他哪些组织寻求支援？* 一旦暴风雪退去，你应该把重点放到恢复工作上来。到时可能需要搭建临时避难所，需要从其他地方向你的城市运送更多的物资。为此，你应该与可以在需要时支援社区的组织进行接触，比如美国红十字会、相关联邦一级和州一级机构。

3. *暴风雪发生后为了援助市民和抢救船只，你应该关注哪些领域？* 你需要关注市民的饮食需求、医疗需求以及住房需求。对于海港船员，你不仅需要向他们提供饮食上的援助，而且要帮助他们修理船只、打捞船只，保证港内畅通。

实例分析引申出的主要问题

五大湖区暴风雪灾是五大湖地区经历过的规模最大的暴风雪之一。有如飓风一样强劲的狂风造成了 250 人遇难，经济损失高达 500 万美元（McLeod，2011）。这个实例向我们阐明了人们需要对冬季大暴风雪造成的大雪封城有所准备。城市中的食物储备，医疗物资，燃料供应这些支持资源都要准备好，以防与外界的交通联系被切断，在或长或短的时间内成为孤城。此外，与境内各组织实体和周边地区的组织实体建立起有效的通信联系也十分重要，这样一来，各地就都可以采取有效的预防措施了。这个实例分析中的最大败笔就是城市没有为应对如此规模的灾害留有足够的储备物资。另一个仅次于此的重大失误在于管理者没有命令船只在暴风雪势力还较弱的时候驶离危险区，也没有疏散事故船只上的船员。但是鉴于 1913 年人们使用的通信方式还很落后，港外船只要想收到有效的避难通知可能也不是一件容易的事。

补充说明

12 艘船只沉没，有 5 艘至今仍下落不明（Dallaire，2004）。

第 5 章

自然因素致灾实例分析——龙卷风

1840 年美国密西西比河纳切兹（Natchez）龙卷风

灾害第一阶段

现在你的身份是美国南方一港口城市的县委员会委员。5 月 7 日，你正在视察一条县级道路时，突然看到一大片呈漏斗状的云团出现在地平线上（Tornado Project，2007）。

1. *你的行动方案是什么？* 首先，你应该警告辖区内的所有人，龙卷风已经形成并正在向城市方向移动，请大家找好藏身之处。其次，如果有针对龙卷风的应急方案，你应该启动此方案。最后，你应该让县和地方所有工作人员都保持警惕，同时开始确认你之后可能会需要的资源的位置。

2. *你的通信联络方案是什么？* 你的通信联络方案应该包括向城市居民发出避难警报，以及通知所有一线救援人员，县级官员和地方官员发现有龙卷风正在朝城市方向靠近。

3. *你应该开始动用哪些资源？* 在这一灾害早期阶段，你应该动用工作人员告知各社区龙卷风正在接近，市民应立即外出避难。你还应该找好医疗资源和医护人员，准备应对龙卷风可能造成的各种灾害。

灾害第二阶段

纳切兹镇遭到了风力达到 5 级的强力龙卷风袭击（Tornado Project，2007）。城镇内的建筑物和居民栖息的场所都被完全摧毁。作为主要管理人员之一，你将如何努力保护好镇内的居民？

1. *你的行动方案是什么？* 首先，你应该准确评估纳切兹镇的哪些地方受破坏或是毁坏严重，只有做好评估才可以向最需要帮助的地区派遣一线救援人员。由于许多人被埋在碎石瓦砾中需要把他们从中救出来，所以你需要采取的第二步措施就是动用一线救援人员投入救灾。由于城镇损毁严重，居民中将出现大量伤者，所以你需要采取的第三项行动就是启用医疗人员和设施，做好接收伤员的准备。

2. *你的通信联络方案是什么？* 因为你需要更加完善的灾情情报，所以需要你建立起可以向周边地区收发消息的指挥站。还有，如果可能的话，你应该通知区域内的其他县或地区，龙卷风也有可能朝它们的方向移动。

3. *你应该尝试为你县获取哪些资源？* 如有可能，你应该试着去积累一些额外的支持资源，比如更多的一线救援人员，更多的医疗资产，还有更多帮助加固危楼、协助救援埋在碎石瓦砾下居民的工程师。

灾害第三阶段

纳切兹镇此时已有约 48 人遇难。龙卷风开始向河边移动，大量沿河停泊的船只被龙卷风击沉（Tornado Project，2007b）。船只和船上人员真的是被猛烈的风势卷至空中，而后船只沉没，船上人员落水身亡（Nelson，2004）。

1. *你的行动方案是什么？* 只要有一线可能，你就应该努力疏散船上的所有人。此外，你需要试着让处于龙卷风移动路线上的更多人外出避难。在强风背后，龙卷风仍然有其没有展现出的破坏力，造成人员伤亡也还是绰绰有余。

2. *你的通信联络方案是什么？* 此时你应该考虑的要事是联系上处于龙卷风移动路线上的人们，让他们意识到有龙卷风正在接近，应从危险区域内疏散出去。

灾害第四阶段

河流附近新增 269 人遇难，大量船只被毁（Tornado Project，2007）。伤员总人数达到 109 人，医院一时人满为患（Tornado Project，2007）。在你现有的资源中，人们对于医疗护理的需求决定占有压倒性的地位。此外，虽然有大量伤员需要医治，但是你既没有电力供应，也没有任何像盘尼西林这样的抗生素可以使用。[1] 你将如何应对缺乏医疗资源的问题？

1. *你的行动方案是什么？* 由于医疗设施都在超负荷运转，转变现有其他建筑的功能就变得大有必要，你可以试着让一些能够充当临时医院的建筑来接收伤员。一线救援人员需要前往河边，查看是否还可以从沉船危船中救出乘船人员。

2. *你的通信联络方案是什么？* 按照你的通信联络方案，你此时应该与其他地区进行协调，尽快获得医疗资源和更多一线救援人员这些额外的支持。此外，你要确保联系家属和认领遇难者遗体工作已经开始进行。

3. *你应该动用哪些资源？* 你应该动用工程师和建筑工人开始修复基础设施，并确保疏散出来的人们有避难场所。运送水和食物的物流运输线路也要尽快开通。河流是城镇的生命线，你要确保清除干净河流内的阻塞物，没有沉船危船阻碍河道通行。

4. *按照行动方案，下一步你应该关注哪些问题？* 你应该重点关注灾后重建，遗体安葬，

1　至少要到 1910 年人们才研发出像盘尼西林这样的现代药物。而在危机发生时期，人们没有现代药物可用的情况却是一直存在着的，所以为了处理好类似无药可用的情况，应该制定有应对意外事件的方案。

被疏散人员的饮食和避难场所保障问题。通向纳切兹的河流与道路需要设法开通，因为这是你获得额外支持资源的仅有渠道。

实例分析引申出的主要问题

乘船人员是否本来可以做到有效疏散，我们不得而知。但我们知道在水中遇难的人比在城镇里遇难的人更多（Nelson，2004）。从汇集到的信息来看，并没有证据表明在这一实例中存在任何居民本来可以躲避龙卷风的避难场所。在1840年，还没有出现能够为居民或船员进行预警的多普勒雷达或是天气预报，因此他们也就无法在龙卷风袭来之前外出避难。对欠发达地区来的管理者而言，这些仍然是他们可能要面对的问题。现在的科学水平还不能预测出龙卷风登陆的时间地点，所以在能够准确预测龙卷风天气的科技出现之前，将会一直需要管理人员来制定避难方案，躲避龙卷风可能在预估移动路线上造成的破坏。

在纳切兹这一实例中，虽然龙卷风选择沿河流而动，一路破坏，但是对于还在河上的居民来说却没有能够与他们取得联络的有效方式（Nelson，2004）。居民所在的社区在灾害反应中占有重要地位，所有的管理人员都应该视其为救灾的关键所在。向各个社区的通知不能到位，有效疏散就无从谈起。

补充说明

这次袭击纳切兹的龙卷风至今仍然位列美国历史上最为致命风灾的次席（Tornado Project，2007）。

1902年美国得克萨斯州戈利亚德（Goliad）龙卷风

灾害第一阶段

现在你的身份是一座小城的城市管理者。该城能够利用的服务与资源有限，投入到市政设施建设的预算不足。5月18日，你收到通知，下午3点35分有一股龙卷风刚刚在圣安东尼奥河（San Antonio River）河岸登陆。

1. *你的通信联络方案是什么？* 你应该努力与城中居民取得联系，告知他们立即外出避难。此外，所有一线救援人员要保持戒备，并通知城市委员会可能来临的灾害会造成巨大的破坏。

2. *你的行动方案是什么？* 你应该针对城市现有的各种应急储备资源列出一份清单，也应该联系其他城市，看看是否可以从它们那里再得到一些资源。同时由于你所在的城市在医疗救治方面捉襟见肘，所以还要寻求向其他城市的医疗机构运送伤员的许可。

3. *哪些资源将是你要努力得到的？*你应该尽快动用一线救援人员和医疗人员来应对可能发生的破坏和人员伤亡。此外，你还应该为疏散出来的居民找到尽可能多的避难场所。

灾害第二阶段

龙卷风在城市中移动，大量住房和商业设施被夷为平地。你目睹了非洲裔美国人的循道宗教会（African-American Methodist Church）正在遭受龙卷风的破坏（Victoria Internet Providers，2007）。现在龙卷风从城市中穿过，留下一路的尸体和残骸。你将如何应对龙卷风带来的巨大破坏？

1. *你的行动方案是什么？*由于城里没有医院，你需要指定一处建筑设施发挥医院的功能。你还需要指挥搜救人员寻找可能被困在瓦砾下的居民或伤员。下一步措施则是将伤员送往被指定为医院的建筑设施，让医护人员优先救治重伤者，然后如有可能将情况稳定的伤员送往周边城市的医院救治。

2. *哪些资源将是你要努力得到的？*当一座城市遭到这样规模的自然灾害袭击时，最需要筹集的东西将会是避难所、医疗物资、食品和水。因为伤员众多,所以医护人员很重要。此外，择机重建起与周边城市的通信联系和有效交通运输也是很重要的。

3. *你将寻求与谁合作，由谁帮助？*由于城里没有医院和停尸房，你便临时把戈利亚德县法院作为接收伤员和遇难者遗体的地方（Victoria Internet Providers，2007）。所有遭到损毁的基础设施都需要进行修复，为此戈利亚德需要当地社会捐赠物资，工人提供劳力。此外，你需要在周边城市中寻找医疗援助和一线救援人员。

实例分析引申出的主要问题

这次龙卷风造成 114 人遇难（单循道宗教会就有 50 人遇难），230 人受伤，估计财产损失达 50000 美元（按 1902 年美元价值计算）（Victoria Internet Providers，2007）。像戈利亚德这样小规模的城市和城镇能够利用的资源有限，因此，对于它们来说，让各方名下各类组织与周边组织达成遇灾互助协议和行动安排共识更为重要。

戈利亚德好像并没有一个为居民提供安全保障的抗风方案（或者说一处加固的避难场所）。20 世纪初期的建筑物多为木质结构，承受不住龙卷风的风力。得克萨斯州经常有龙卷风光顾，州内处于龙卷风频发区域的城市，本来就应该制定出应急行动方案，来指导处理避难居民问题并从其他行政实体获取资源（即医疗、一线救援人员等）问题。同样，有效的通信联络计划也需要制定。戈利亚德的政府官员面对设施不足的情况确实有所变通，比如其将法院改为医院和停尸房，成为了在城市发生灾害时解决设施不足问题的临时应急方法。

补充说明

1902 年戈利亚德龙卷风曾是得克萨斯州最致命的龙卷风之一，现在位列美国最极端龙卷风天气中的第 10 位（Dan，2003）。

1925 年美国席卷三州龙卷风

灾害第一阶段

现在你的身份是联邦紧急事件管理局局长。今天是 3 月 18 日，现在有三个州正在经历一次剧烈的风暴活动。

1. *你现在的行动方案是什么？* 你首先要采取的行动之一便是与出现风暴活动的三州州长取得联系，并确定是否有应对自然灾害的方案可供使用。此外，出于实现应急管控的初衷，你应该对联邦支持资源的坐落位置进行评估，并请某些工作人员注意，他们有可能被派往受灾地区。你还应该确保这些派出的工作人员不论男女都已建立起了丰富的通信路径，可以正常接收三州可能发来的天气报告和求援报告。

2. *为了协调各方援助工作，你应该联系哪些机构？* 如果突发紧急事件，所有可以提供援助或是支持资源的联邦机构都应该是你协调的对象（比如美国战争部 [1],美国内政部等等）。在州一级机构上，与各州的州长办公室保持频繁接触对你而言很重要，通过联络，你就可以知道各州现在的情况以及各州为应对危机可以筹集到哪些资源。

灾害第二阶段

现在你收到报告,有数股龙卷风出现在三州境内。一个叫做墨菲斯伯勒（Murphysboro）的小城已经完全被一股龙卷风摧毁（Ishman，2001）。

1. *你需要动用哪些资源？* 身为局长，你需要知道你可以从各个联邦机构中调集到多少支医疗和灾后恢复队伍。此外，可能会有一些其他州和地方机构有能力向墨菲斯伯勒疏输送资源，你可以打电话找他们帮忙，把食物和水、避难居所、医疗物资、挖掘设备这些支持资源尽快运到那里。

2. *你的通信联络方案是什么？* 你需要与救灾现场的监督人员时刻保持联系，让其知晓情况的实时进展，如有必要则可运抵更多的资源。此外，你也应该保持与其他联邦机构和州一级官员的联系，确保救灾工作协同高效。

1　美国战争部于 1947 年改称美国国防部。

灾害第三阶段

现在你收到报告，约有 250 人死于墨菲斯伯勒，另有 500 人受伤。城内各处火灾频发，造成了巨大财产损失（Ishman，2001）。

1. *此时你需要动用哪些资源？* 对于那些可能困在被毁建筑的瓦砾之中的生还者来说，搜救队伍的重要性变得更加突出。你应该把首要任务放在派遣搜救队伍和获取医疗物资上面，而对于筹集各类消防器材运往墨菲斯伯勒的工作，你也应该优先进行考虑，这样一来，更多的建筑物将得以保存，有可能流离失所的人们也会有避难的场所可去。除食物和水，你也应该考虑要求安全部队介入受灾地区，阻止发生犯罪活动。

2. *你在接下来的行动方案中应该如何做？* 一旦完成搜救作业，紧接搜救阶段的找寻尸体阶段就会开始，同时各类可能需要的临时住房也会开始施工建设。如果有条件把伤员运往区域内其他医院，那么为了缓解地方医疗设施的压力应该这样做。

实例分析引申出的主要问题

龙卷风造成 695 人遇难，2027 人受伤。单墨菲斯伯勒就有 234 人死亡，小城遭到毁灭性打击。涉及 3 个州，13 个县，超过 19 个社区的 15000 多户房屋被毁（National Weather Service，Paducah，Kentucky，Forecast Office，2010）。

像龙卷风这样的自然之力是无法回避的。人们唯一能够做的就是采取预防措施，而实施措施成功与否也要视具体情况而定。比如说，在龙卷风频发的区域，地方政府是有能力在龙卷风来临时为居民修建避难场所，但是修建与否其实完全取决于城市是否有建造像这样的避难场所的资源。资源有限的政府机构应该与其他周边组织定下协议结成联盟，一旦危机发生，周边组织就会响应号召，提供支持。

补充说明

三州龙卷风席卷的三个州是：印第安纳州、伊利诺伊州和密苏里州（Ishman，2001）。

第 6 章

自然因素致灾实例分析——地震和火山喷发

1906 年美国旧金山大地震

灾害第一阶段

现在你的身份是一大型港口都市的副职城市经理。你在床上躺得好好的突然就摔到了地上。架子上的摆件和墙上的画也是掉了一地，地板和床铺都在颤动，发出了超乎现实的声响。现在是星期三上午 5 点 12 分（USGS，2006）。你刚刚的经历是受大地震发出的第一次冲击波的影响。20 秒之后，大地带来了第二波震动，你被这一系列震颤粗暴的来回摇晃着，觉得一定是到世界末日了。你意识到你必须赶往市政厅采取行动。

1. *作为副职城市经理，你的第一步行动措施是什么？* 任何一名公共领域的官员都会将其所在的组织机构已经想到的问题作为第一步的行动措施。在这一实例中，地震袭击了你所在的城市，你首先需要查明地震已经造成的破坏有多大，受到地震影响的地区有哪些。面对任何情况都要有人出来领导，所以这时就需要公共领域官员负起责任，与其下属保持联系，为应对灾情收集信息，传递指令。在这种情形下，最有可能把城市各方人员整合在一起成立指挥部的当属市政厅，市政厅通过指挥部收集灾情情报，协调一线救援人员工作。但是，也有可能出现身担责任的城市官员出于这样那样的原因无法赶到指挥部的情况，所以在组织机构中建立起一条指挥链的价值就体现了出来，这样就不用再担心负有首要责任的组织官员无法领导各机构应对危机了。

2. *你可以领导哪些公共组织应对这次明显的地震？* 你负有重大责任，不仅需要知道属于人员资产的一线救援人员有哪些类型，而且需要知道在必要情况下联系和使用这些资源的方法，这两点对公共管理者来说一直很重要。在发生危机期间，负责危机处置的公共官员需要能够指定出某些类型的资源来应对各种可能发生的情况。在这一实例分析中，刚刚发生地震的城市需要城市管理者动用消防部门、公安部门、医疗服务机构和公共工程部门来共同应对。

就动用一线救援人员救灾来说，似乎消防部门、公安部门和医疗服务机构开展搜救工作、医治伤者都是顺理成章的事情。但是为什么你还需要动用公共工程部门参与救灾呢？首先，公共工程部门经常存有重型设备，这些重型设备在搜救工作中可以派上用场，把那些可能被困在碎石瓦砾中的伤员救出来。其次，可能需要公共工程部门对天然气管线、生活用水管线、排污水管线以及电力基础设施部件进行维修（或者在某些情况下直接关闭）。在这个实例分析后面的内容中我们将会看到，基础设施损毁给这座城市带来了许多严重的问题。公共组织应该安排一个集结点，并通过多种方式与工程人员取得联络，以防电力中断或通信失灵的情况发生。

3. *你将如何安排有限资源的优先使用顺序？* 对于任何组织来说，资源都是有限的。因此，作为公共管理者，你需要确定这些资源的优先分配顺序。比如，假设消防部门的主要任务是搜救垮塌桥梁下的生还者，那么这些消防资源就无法用到扑灭地震引起的大火上面。政府官员在决策过程中要面对各种困难的选择，但是生命比财产更为宝贵的共识，让做出决策变得容易了一些，最终还是要选择把资源投向救援桥下生还者上面。但是如果火灾同样造成了人员伤亡，公共管理者的决策过程就会变得复杂多了。所以最基本的问题就变成：为了最大限度有效利用你的资源，你会如何排列你的优先处置事项（比如挽救生命放弃财产）。

4. *你与其他公共组织机构和城市市民的通信联络方式有哪些？* 在这一实例分析中这一特定时间内，没有迹象表明你拥有电子设施，电力供应或是其他任何现代的便捷产物。所以，作为公共管理者，此时有什么是可以供你使用的呢？有大量的人力资源可以供你使用，包括城市中的雇员，可能还有市政服务组织，这就是答案。你可以通过他们向各地市民传递信息，向需要发送指令、接收灾情情报的其他组织部分传递信息。尽管这种方法并不现代，但是在没有其他通信方式可以使用的条件下，它在人口稠密的大城市里还是很奏效的。

灾害第二阶段

你抵达市政厅后，意识到城市中的绝大多数建筑已经在地震中被夷为平地，成千上万的市民被困于瓦砾之下。此时你发现还有另外两个困扰着城市救灾管控工作的重要问题有待解决，一个是萨利纳斯河（Salinas River）的改道问题，该河流受地震影响现已在城市各处泛滥成灾（U. S. News Rank，2012），另一个则是城市各处火情频发的问题（New York Times，1906）。

1. *你现在将会如何分配支持资源？* 前文已经讨论过做出如何分配支持资源的决策有多么重要。你现在仅有的就是大量隶属于消防部门，公安部门，医疗服务机构和公共工程部门的工作人员。有些被困市民如果不能被及时发现，就会因伤势过重而亡，其他市民则可能死于萨利纳斯河泛滥的洪水或是城市各处突发的火灾。如有可能，你可以让志愿者来帮助寻找瓦砾中的幸存者，一些替换下来的一线救援人员则可以转而投入灭火作业和城市洪泛区的搜救作业。受过搜救训练，更加精悍的消防小组可以与你市的公共工程部门协同开展搜救工作——因为他们拥有重型挖掘设备——救出被困在瓦砾中的幸存者。与此同时，警察要在受到地震影响的各个区域执行巡逻任务，防范犯罪活动并搜寻受伤市民。

2. *需要优先提供哪些应急服务？* 还是应该首先救出瓦砾中的生还者，因为他们中有许多伤者有失血、脑震荡、负有内伤的情况，需要救出后入院治疗。挽救生命关键在于争取时间，所以把伤员送往医院是最重要的事。其次，需要控制住火情保护好市民安全，同时把尽可能多的现存建筑作为避难场所提供给无家可归、无地可依的市民。此外，你需要为市民提供水源和卫生设施，这就要求消防部门和公共工程部门让尽可能多的基础设施保持完好。

3. *为了应对新出现的问题，你可能会寻求哪些额外的资源？* 此时，首席公共管理人员为得到更多的资源应与联邦当局、州政府当局以及其他地方管理者进行联系。城市与城市之间在灾害发生之前达成灾害准备互助服务协议是非常普遍的事情，但不幸的是，你所在的城市事先并没有准备好像这样的协议，所以管理者们必须在地震已经造成损失后向外要求希望获得额外的资源。

灾害第三阶段

现在你意识到火灾正在给城市带来极大的损失，数条天然气管线被破坏，大量由露营篝火和人为纵火引发的火灾正在快速蔓延。还有另一个问题，地震破坏了大部分供水管道，灭火变得极度困难（New York Times，1906）。

1. *你将如何解决水源不足的问题？* 记住你现在可能没有任何可以使用的现代消防器材。而从受损基础设施中产生的少量电力输出必须留给公共工程的工作人员，他们需要使用电焊、吊车等装备来修复供水管线和城市其他具有战略性地位的区域的基础设施。因此，你需要制定出应对可能出现的城市供水管道中无水可用的方案，并一定要依靠消防车向火灾现场送水。这些消防车需要找诸如水库、河流、海湾这样水量充足的地方重新蓄水，然后再次运送。这样做耗时耗力，但是面对目前这种情况它可能也是仅有的办法。另一个现今才出现的替代以水灭火的方式是使用化学试剂，其可以由飞机进行投撒。此外，公共领域官员此时需要利用资源抓捕在城市里引起大火的纵火犯。

2. *你在修复城市基础设施（比如说供水管道和天然气管线）上的优先顺序是什么？* 考虑到天然气管线会发生爆炸，城市中的火情又在肆意蔓延，所以完全关闭这些管线势在必行。为修复供水管线存储电力将会非常必要，修好供水管线，灭火才能更为有效。另外，供电线路也会造成额外的伤亡和财产损失，接下来修复它们的工作同样重要。供水管线是要修复的第三种基础设施管线，修好后可以投入灭火，也可以向市民提供水源这一生存的重要保障。而修理排污管线则排在最后一位，这是因为可以靠临时挖土成厕或安置的可移动厕所来充当卫生设施。

灾害第四阶段

此时，你做出的所有尝试都无法控制住火灾。市长现已发布命令，遇趁火抢劫者立刻击毙，有 500 多人因此丧命。军方试图通过使用黑火药、甘油炸药和齐射炮火的方法炸出一道道防火间隔来阻止火灾的蔓延。他们的行动确实抑制住了火灾，但也摧毁了更多的建筑（PR Newswire US，2006）。

1. *你如何与军方接触?* 抵达灾区的军队引入了一股地震刚发生时并不存在的政治力量。城市官员需同意军方就负责人选问题和为控制灾情军方资源最佳部署方式的相关意见。此时的城市已经濒临无政府状态，在这种情况下军方接过指挥权并掌控决策过程。在这一实例分析中，许多被射杀的所谓趁火打劫者实际上是一些普通市民，他们只是试图从自己被摧毁的家中把属于自己的财产找出来归置在一起。这一实例分析也让我们洞悉到，警察或是军队并非一定要起用适当的程序来制裁抢劫犯。城市官员要如何努力才能重新控制住局面？尽管军方介入可以发挥他们的优势，但存在的不足之处同样非常明显。一般来说，军人经受的训练不同于警察，在出现需要应急管控的情况时，让他们与市民打交道只会增添新的问题。

2. *你需要采取哪些措施来确保法律和命令能按司法程序准确执行?* 在这种情况下，城市官员需要确保部署的军队能够懂得市民有权按正当的程序行使权力，万不得已时才应采取射杀抢劫者的方式，而不应一开始就诉诸暴力。此外，这一实例中，政府官员本来能够重新对公安人员进行部署，配合军方执行巡逻任务，依靠警员的判断和经受过的训练，潜在缓解军人射杀所谓抢劫者的情况出现。

3. *你应该准备好什么样的通信联络方案?* 此时的通信已是支离破碎。城市官员需要制定出新的通信联络方案，与部署的应对现有各种问题的资源取得联系，同时告诉市民在哪里可以找到食物、避难所和医疗援助。

4. *你赞同市长的射杀令吗?* 如果现有的资源可以让军队和警方共同在城市积极开展巡逻工作，展现他们二者的存在感，那么市长就不应该颁布射杀令。在面对需要进行大规模应急管控的情况时，比如这个地震实例研究中，一直在向前发展推进着的事务层出不穷（比如搜救、基础设施修复、市民找寻财务等等）。宣布实行军事管制也同样有其弊端，大批市民无家可归，也无处可去，管制何以实现。政府官员也需要制定出逮捕方案，把有抢劫嫌疑的人员拘押在临时搭建的围栏里，按司法程序进行处理。

灾害第五阶段

你和其他市政工作人员注意到灾害的影响开始暴露无遗。不仅城市中大部分区域被地震或火灾所毁（80%），而且现在还有 225000~300000 人流离失所（USGS，2006），财产损失达 65 亿美元（2006 年的估计损失数字）（Evans，2007），3000 多人遇难（Berkley Seismological Lab，2007）。

1. *应急初期阶段已经结束，你现在使用资源的优先顺序是什么？*你面临的最为急迫的问题，一个是继续开展搜救工作寻找生还者，一个是确保向需要食物、水源、避难所和医疗援助的市民提供这些资源。其次你应该呼吁其他组织机构贡献出更多的资源，同时把目光关注在有效通信系统的重建和运营上，以及基础设施的彻底修复上面。

2. *你将如何解决大量市民的临时避难问题？*临时安置市民的方法有很多。方法之一便是构建诸如帐篷的临时住房。把市民转移到其他可以安排好临时避难场所的城市也是一种选择（比如剧场、学校等等）。另一种备选方案是在找到更好的居住条件之前，为临时安置居民建起可移动房屋。

3. *你的恢复方案是什么？*准备好或是制定出物流运输方案最为重要，它可以让受灾居民得到食物、水源、医疗物资和临时居所。其次，你需要准备好基础设施检查方案，确保做过的修复工作不只是临时的权宜之策。在恢复方案中，你现在可以把目光聚焦在如重要道路、桥梁和排污管线这样的基础设施上面。清理碎石瓦砾的工作也需予以强调，为了让居民能够从临时居所搬进更加耐久的建筑、新的民宅，可能还有其他受损设施都需要场地进行修建或是修缮。最后，你需要制定出预防今后发生地震的方案，降低可能造成的财产损失和遇难人数。如遇需要进行大规模应急管控的情况，确保安放储备补给物资的位置适当，可以借有利位置方便向城市和市民快速分发物资。

4. *没能尽快找到遇难者遗体可能会导致出现其他什么紧急事件？*出于卫生角度的考虑，必须要找到遇难者遗体，阻止疾病在生还市民间传播。这一问题会进一步增大正用于治疗伤员的医疗资源的压力。

实例分析引申出的主要问题

让军方扮演警方的角色极其危险。士兵尽管有军纪的约束，但他们没有受过与法律实施相关的培训，这就会产生额外的问题。维系法律与秩序的最后一道屏障才是使用军队来充当公安力量。这一实例分析也向我们展现了修复受损基础设施的重要性，它的重要性不仅体现在应对灾害（即火灾）上，而且也体现在阻止出现更多问题（即破损的天然气管线）上面。在这一实例分析中，城市 80% 的区域由于修复基础设施的速度不够快而惨遭烧毁。当时是否有能够修理这些基础设施的资源不得而知，但是我们知道的是地震破坏了供水管道和天然气管线，并造成了更大的损失。造成火灾毫无减弱之意四处蔓延的根本原因，是城市官员没能尽快闭合天然气管线，也没能修好供水管道。此外，被军方射杀掉的一些人并没有在实施抢劫，他们只是试图从瓦砾中找回属于他们自己的财物（U.S.Department of the Interior，National Parks Service，2010）。

补充说明

除了已造成的金钱损失，许多地标性建筑[比如旧金山的皇宫酒店（Palace Hotel）]和科研实验室也在地震中消失不见（Cooper，2011；New York Times，1906）。由于地震造成的损伤或破坏并不在保险覆盖范围内，所以有许多居民和商贩纵火烧掉了他们的房子（Virtual Museum of the City of San Francisco，2012）。

1946 年美国阿留申群岛地震

灾害第一阶段

现在你的身份是美国夏威夷群岛地区的领导者。[1] 4 月 1 日早上，你已经得知太平洋发生了一次地震（Joint Australian Tsunami Warning Center，2008）。

1. *什么是你此时应该关心的？* 对于任何岛屿或沿海地区而言，领导者应主要关注由地震引发的海啸，因为它会给沿海低洼地区的居民和基础设施带来毁灭性打击。此外，你还要关心住在某些可能受到海啸影响区域的居民如何疏散的问题。

2. *你应该开始动用哪些资源？* 你应该启用一线救援人员并动用各类可以使用的交通工具帮助居民从海啸袭击区域疏散出来。国民警卫队各部门应得到激活，临时避难所应做好接收疏散出来的居民的准备。

3. *你的通信联络方案是什么？* 你需要让辖区内的居民意识到沿海地区可能会受到海啸的袭击。居民需要做好疏散准备，一接到紧急通知就向临时避难所撤离。这些将要建起的临时避难所可以接收进所有疏散出来的人们。

灾害第二阶段

你得到最新信息，美国西海岸一州刚刚遭到海啸袭击。海啸摧毁了海岸警卫队一座钢筋混凝土结构的灯塔，并使塔内人员全部遇难（Joint Australian Tsunami Warning Center，2008）。在海啸袭击西海岸五小时之后，海啸猛然向你所在群岛中的一个岛屿袭来，海滩完全被毁，超过 159 人遇难（Joint Australian Tsunami Warning Center，2008）。

---

1 夏威夷和阿拉斯加在 1959 年升级为州之前是美国的两块属地。

1. *你的行动方案是什么？* 你应该派遣搜救队伍搜寻可能仍在海啸袭击地区的生还者，同时还要动用医疗队伍和医疗资源救助海啸中的伤员，并且确保疏散出来的居民有地方避难，有饮食补给。

2. *你的通信联络方案是什么？* 你需要与地方政府官员进行沟通，确保援助可以快速高效地抵达受灾社区。此外，你还需要通知那些受海啸所伤所害的居民的家庭或亲属，他们是入院治疗了，还是已经遇难了。

3. *你需要动用哪些资源？* 你需要动用的有遗体搜寻队伍和废墟清理队伍。在完成灾后初期恢复工作后，将需要开始进行基础设施、住房以及商业设施的重建工作。

实例分析引申出的主要问题

一旦预警响起，政府官员需要马上联络沿海低洼社区对其进行疏散，或是准备好疏散方案严阵以待。此外，对于因为缺乏交通设施或基础设施而没能成功疏散出来的居民，需要尽快指定好搜救资源去解救这些受困居民。这一实例中，受海啸影响的海岸线一带的城镇和城市没有做好疏散工作，造成了人员遇难的后果。通信畅通、方案有效，这两点是对危机作出成功灾情反应的关键。

补充说明

阿留申群岛地震给夏威夷和阿拉斯加地区造成了价值 2600 万美元（按 1946 年美元价值计算）的损失。地震过后，太平洋海啸预警中心（Pacific Tsunami Warning Center）在夏威夷成立（Joint Australian Tsunami Warning Center，2008）。

1960 年智利大地震

灾害第一阶段

现在你的身份是美国一联邦机构的负责人。5 月 22 日，有报告称距离智利海岸附近发生了 9.5 级地震（USGS，2008）。

1. *你的通信联络方案是什么？* 首先，你应该通知有沿海地区濒临太平洋的各州政府，智利发生了地震，并且潜在的海啸会危及到他们的辖区。其次，你应该警告美国靠近太平洋一侧的沿海低洼地区的所有人有可能发生海啸，并建议这些居民从靠近海岸线易于发生洪灾的地区疏散出来。再次，你应该联系其他可以提供支持的联邦部门机构的领导，以防海啸真的成为现实，袭击了美国的某片区域。

2. *你的行动方案是什么？* 你的第一项任务是要查清美国有哪些地区会受到海啸的影响。然后，你需要预置出可能有助于缓解受海啸影响地区灾情的资源，抑或建立起物流运输系统，如有人员物资需求，可以将其快速运抵受灾地区。

灾害第二阶段

夏威夷和濒临太平洋的各州现在均报告有海啸袭击了他们的海岸线（Duke，1960）。

1. *你应该动用哪些资源？*你应该动用各类运输机向受灾地区运送食品，水，避难所以及可能需要的一线救援人员。此外，所有可以派出援助医疗物资或设施的船只都应前往被海啸重创的地区支持救灾。美国海军的船只可以派往沿海城市为其提供大量的医疗资源和搜救人员以及物资。

2. *你应该联络哪些组织机构寻求帮助？*通常有若干个联邦等级的部门可以进行联络，向它们寻求援助。像国防部和环境保护署这样的部门机构都会有某些资源能够在你成功应对紧急事态上发挥关键作用。

3. *此时在紧急事件中你的通信联络方案是什么？*你作为一名联邦管理人员，重要的不仅仅是与其他联邦机构部门的领导保持接触，你还要与州政府和地方政府保持紧密的联系，把信息传递给它们，也从它们那里获取信息。如果通信联系一直自由流畅，那么随着越来越多的信息汇总到你的办公室，你就可以把资源对准受灾更加严重的地区。

灾害第三阶段

你现在得知已经有 62 人在夏威夷遇难，海啸造成的财产损失价值超过 7500 万美元（USGS，2008）。

1. *你的行动方案是什么？*因为夏威夷的受灾情况在所有州中最为严重，所以你要确保空运向夏威夷的资源充足，使这些资源足以应对紧急事件下各种与医疗有关的问题，或是弥补必要的基本物资的短缺。此外，你将要向夏威夷派遣更多的一线救援人员执行搜救任务。

2. *你应该让哪些组织机构参与到灾后恢复工作中来？*此时大量非营利性组织可以利用起来，向市民提供政府组织以外的援助。像美国红十字会这样的组织每年都会在发生自然灾害时在国家各处实施人道主义援助。

实例分析引申出的主要问题

这次地震震级高，大片区域都受到了地震破坏性的影响。从南美洲到夏威夷，大量居民的居住区遭到毁灭性的破坏，造成了人员伤亡和居民无家可归。如果一名管理者的组织有可能受到像实例中的地震这样的灾害影响的话，那么他（她）必须做好应对这类灾害的准备。为了达到准备充分的目的，出台的建筑条例必须更为严格，身边的应急物资必须时常储备，执行搜救任务的资源必须维持在现有水平，一有情况，即可准备好闻讯赶来。假设一种体系或方案在突发情况下不能奏效，那么换做另外一种体系或方案就可以发挥出它的作用，所以通信基础设施和应对海啸的方案必须在数量上做到绰绰有余，在质量上做到健全有力。即便可能做到加固岛屿上的所有建筑，让其能够承受住海啸的袭击，但这也是很困难的一件事。因此，只有从可能受到洪水危及的地区疏散到地势更高的地方才是可以采取的另一仅有办法。

补充说明

智利大地震使整个太平洋地区都出现了人员伤亡。单智利就有1655人遇难，3000人受伤，200万人无家可归（USGS，2008）。这次地震是迄今为止力量最强的一次地震，瞬时震级级数（MMS）达到9.5级。地震产生的海啸不仅对夏威夷和智利产生影响，也波及到了日本、新西兰、澳大利亚和美国的阿拉斯加（Pararas-Carayannis，2011）。

1964年耶稣受难日地震

灾害第一阶段

现在你的身份是一位州长。3月27日是基督教徒的节日受难节（USGS Newsroom，2004），这天傍晚6点15分，你正与亲朋共聚，突然你接到州内官员的通知，州内一港口城市受到可能是由地震引起的巨大冲击波的袭击。

1. *你对情况的第一反应是什么？* 你应该对袭击了人口密集地区附近海岸的潮汐波给予高度关注。由于地震震中离此港口城市很近，你该通知该市潮汐波将会对其产生影响。如果有疏散方案，则执行方案将大量居民疏散，使其远离受冲击波影响地区。

2. *你的通信联络方案是什么？* 通信联络方案应需要让你可以与你管辖地区范围内的州级机构和海岸线附近的地方官员保持密切联系。一线救援人员也是州内的工作人员，需要处于戒备状态，在某个时间范围内可能会把他们派到有可能受海啸影响地区。

灾害第二阶段

你收到了更多关于地震的信息。经测震仪测定这次地震的震级为9.2级（USGS Newsroom，2004），持续时间为4分钟（USGS Newsroom，2004）。地震从下午5点36分开始发生，这时正处于出行高峰时期。除发生有地震之外，海岸线也受到了多次海啸的袭击，造成了人员遇难和财产损失，并且你也收到报告称岩石崩塌正在危及州内安全。

1. *身为州长，你的首要任务有哪些？* 如果治理下的社区有疏散方案可以实施，社区居民则需立即按方案进行疏散。可是有些社区并没有疏散方案，那么你则应该重视这些社区的疏散工作，帮助社区居民抵达安全地点。对于那些已经受到海啸和岩石崩塌波及的地区，州内的工作人员和国民警卫队应投入到搜救生还者的救援工作中，并要将受伤市民尽快送往医疗设施进行救治。

2. *你需要动用哪些资源来应对危机？*你需要尽可能多的一线救援人员和医疗资源的支持。一线救援人员用以执行搜救任务，而医疗资源则用以解决大量伤员突然涌入的问题。此外，无论是在州一级组织机构还是国民警卫队的主导下，交通运输也是一项需要尽快动用的资源。

3. *在自然灾害里还存有哪些问题可能在实际中变为额外的隐患？*你需要意识到供水系统、供电系统、排污系统等基础设施有可能都遭到了破坏。这些基础设施的损毁会影响到一线救援人员处理紧急事件的能力和市民得以生还的概率。所以为了让一线救援人员能够有效进行应急处置，比如用水扑灭火情，就需要较快地对基础设施进行修复。

灾害第三阶段

随着夜幕降临，你获悉到格林伍德（Girdwood）（Timberline Drive Bed & Breakfast，2007）和波蒂奇（Portage）（Wicker，1982）两座城镇已经完全被海啸摧毁，而且现在双双浸没在水中。另有两个沿海州府报告称已有超过16人因海啸遇难（USGS，2007）。其他美国原生村落已被海啸夷为平地（Associated Press State and Local Wire，2006），连负责测弹道导弹侦测工作的空军安全站点（Clear Air Force Station）在短时间内也只能离线脱机工作。有报告称漂浮在水面上的燃油正在燃烧，造成了火灾四起（Rozell，2009）。此时，加拿大首相与你的办公室取得了联系，通知你加拿大也受到了灾害的破坏。现在信息源源不断地汇集到你的指挥中心，州内有部分地区在地震后洪水肆溢；已有9人被证实死于地震，106人（USGS，2007）被证实死于海啸。按2007年美元价值计算，灾害给你州造成了超过了18亿美元的经济损失（USGS Newsroom，2007）。

1. *你下一步的行动方案是什么？*既然最初发生的危机已经平息，那么接下来你需要把目光聚焦到地方人员搜救（有些受灾地区可能非常偏远）和基础设施修复上来。你需要建起临时住房，并搜寻遇难者遗体，防止出现任何由疾病和传染病引发的健康问题。

2. *有没有哪些信息会让你重新调整现有的资源分配格局？*支持资源需要被调往受灾最严重的区域。此外，如果沿海地区以外的州内区域有闲置的资源，那么你应该把它们临时投入到受灾地区帮助开展灾后重建工作，或者在加拿大政府亟需资源的情况下，把它们运往加拿大予以帮助。

实例分析引申出的主要问题

地形和气候都变化极大的大型沿海区域如果发生危机，很难做到对其进行管控，阿拉斯加就是这样一个例子。因此，通信上的支持和物流上的支持对于成功将居民从沿海区域疏散是十分必要的。为了有效管控处置灾害，城市管理人员必须为各种突发情况制定出应急方案。在这一研究实例中，地面实际上已浸泡在水中，这时就应该首先用直升机来承担各项疏散任务。在阿拉斯加这样地形气候都极不利于车辆行驶的地方，需要管理者在应急方案中囊括进有关调配可以用于灾害响应的专业人员和专业设备的内容。要说人们认为哪种交通工具在这些地方能够发挥作用，能够胜任的可能只有气垫船了，它可以在各种地形下执行搜救任务。

补充说明

不仅阿拉斯加有人员遇难，整个美国西海岸都出现了人员死亡的情况。除阿拉斯加遭到破坏外，加拿大也在地震中蒙受了财产损失。在这次地震中，连远在南方的得克萨斯州和路易斯安那州都有震感（U. S. Department of the Interior，2011）。除去耶稣受灾日地震，人们也把这次地震称为阿拉斯加大地震。

1980 年美国华盛顿州圣赫伦火山（Mount St. Helens）爆发

灾害第一阶段

现在你的身份是美国一处多山区域内的县委委员。时值三月末，你正打算处理你每日的常规事务，就在这时一名火山学家来到你的办公室登门拜访。这名火山学家告诉你说火山活动好像变得活跃了起来：两次地震已经让北侧山体塌方，并开始有水蒸气从山体里冒出（USGS，2012）。你县在此山区内的产业有伐木业和旅游业，并有居民在此居住（USDA Forest Service，2007）。

1. *对居民生命安全造成的威胁是什么？*火山的危害程度常常取决于火山属于哪一种类型，应对方式的不同与火山发生的活动的差异也有关系。世界上主要有三类火山。第一类是盾型火山，人们通常将其解释为由于该类火山具有朝向火山口的宽广缓和的斜坡形似盾牌，故名盾型。典型的盾型火山富有熔岩流，但不会向外大量喷发火山碎屑。在夏威夷地区坐落有盾型火山，其典型特点是喷发时不会伴有爆炸声出现（USGS，2009）。第二类是由火山碎屑物堆积形成的火山渣锥型火山。这一类型的火山在喷发时的典型特点是会喷发出大量的火山灰和熔岩。第三类是复合型火山。历史上破坏性最强的火山中有许多都是复合型火山（USGS，2009）。复合型火山在喷发时会剧烈地向大片区域喷射出火山碎屑和火山灰，并伴有大量熔岩流沿山体斜坡流下。这一实例中你现在所面对的火山类型就是复合型火山，它会给大片区域带来破坏和人员的伤亡。

2. *你的行动方案是什么？*此时要让市民、州一级工作人员和地方工作人员对活跃的火山活动保持警惕。除去这个好主意，你也应该建议市民手头上要储备好应急物资，并做好接到临时通知便立即疏散的准备。搜救任务和交通管制中潜在需要的资源：医疗人员、森林消防员，修复公共设施的工人们潜在需要的资源，都应该在现阶段予以位置识别。此外，直升机、灭火飞机、卡车、医疗物资、食物、水源、防毒面具、便携式发电机、便携式呼吸器等设备资源也应在此时确定其所在位置，并标明用途，如果火山喷发则可立即动用这些资源。你还应该快速起草出针对火山附近居民的疏散方案。而身为一名城市管理者，你也应该敏锐地意识到潜在的政治瓶颈可能会导致其他联邦、州或是地方一级机构拒不提供支持资源的情况出现。对于这些政治上的瓶颈需要予以强调，并通过在灾害发生前与你考虑中的合适机构达成援助协议来突破瓶颈。

3. *你的通信联络方案是什么？* 身为县委委员，你有责任确保通信设施可以完完全全发挥它们的功能，让居民能够为可能进行的疏散做好准备，并储备好生存物资，以应对被困家中无法疏散的情况出现。出于安全原因上的考虑，应极力鼓励伐木业限制其在火山附近的作业活动。同时必须警告和通知县内和地方工作人员火山活动活跃，并对居民疏散、森林灭火、基础设施修复等事宜可以使用哪些地方的支持资源提出建议。此外，县内和地方一线救援人员将需要配有最新的地图、通讯录，并明确在发生紧急事件时需要执行的各项任务。

4. *你会分拨哪些资源来应对紧急事件？* 之前已有提到，如果火山爆发，你则将会需要指派医疗物资、食物、水源、呼吸设备（比如防毒面具，便携式呼吸器），直升机、施工设备、灭火设备、飞机以及卡车前往支援救灾。此外，你还需要准备好各种用于缓解灾情的设施，并指定成立救灾总部协同各方工作，联络联邦、州、县、地方各级一线救援人员。同时，要选好作为疏散路线的各条道路，并尽力确保这些道路可以让大量车流安全顺畅地撤离出该区域。而与邻近社区和县就提供援助而商讨的协议也应该在此时达成。如果时间允许，可以进行演习来磨炼一线救援人员的救灾技能。

灾害第二阶段

现在是 4 月末，火山山体开始持续膨胀（USGS, 2010）。有一名居民却拒绝离家疏散。尽管你在得知情况后与他取得了联系，告诉他继续留在山上会有多么的危险，但该居民依旧没有撤离（Associated Press，1980）。

1. *对居民生命安全造成的威胁是什么？* 在这一研究实例中，火山活动确实非常活跃，已经步步逼近威胁到居民的生命安全，特别是威胁到那些拒绝疏散的居民的生命安全。由于复合型火山在喷发时会向大气层中喷射出大量的火山灰和火山碎屑，情况就会像公元 79 年发生在庞贝古城的惨剧一样，人们有极大的可能性会感到无法呼吸或是被埋在炽热的火山灰里面。飞来的火山碎屑也可以造成人员的伤亡。而山上的积雪会融化汇成股股泥浆沿山而下，让附近的城镇泛滥成灾。

2. *你的行动方案是什么？* 必须在火山爆发之前立即实施疏散县内某些区域居民的行动方案。对于那些经过多次警告仍然拒不疏散的居民，他们必须在灾害发生后自己担负起保全自己的责任，州、县和地方上大量的工作人员不可能到时冒着巨大的风险去救援极少数的固执己见者。支持资源应该优先用于应对即将发生的火山爆发以及援助听从疏散警告的人群。

3. *你的通信联络方案是什么？* 你应该向市民下达疏散令，并与其他社区进行联系，做好接受援助的准备。此时你还应该通知联邦紧急事态管理局和美国红十字会火山可能会很快喷发，到时将会需要他们在安置和供养撤出居民上提供援助。

4. *你会分拨哪些资源来应对紧急事态？* 你应该成立避难所，并向各处派出应急人员来帮助那些被强制进行疏散，流离失所的市民。负责交通管制的人员需要人在其位，保证疏散人流的秩序井然。对于没有其他交通工具可以选择的居民，必须派车辆搭载这些居民进行疏散。而直升机必须准备好锁定可能陷入困境的居民位置，帮助其进行疏散。消防员和公共事业人员也应时刻保持警惕准备出动。此时成立起指定救灾总部很有必要，并且应对通信设备进行检测，确保其运转良好。对于一线救援人员，必须为他们配有防毒面具、饮用水、食物以及急救包。

灾害第三阶段

5 月 18 日星期日，你听到一声爆炸声，随即看到升起一块滚动的黑云遮住了太阳（USDA Forest Service，2007）。你意识到刚刚火山经历了一次剧烈的喷发。不久你就会得到消息，方圆 230 平方英里内的草木和建筑都遭到了损毁（USDA Forest Service，2007）。不过你觉得值得庆幸的是伐木工人那天并没有在山上进行作业（Tilling，1990）。

1. *你的行动方案是什么？* 问题的关键在于公共管理者需要找出哪些区域内的居民危险是最大的，需要帮助他们进行疏散，而对于哪些区域来说立即开展搜救任务又是最需要的。一旦居民得以成功疏散，搜救任务圆满完成，接下来政府官员需要了解在危机结束后会有哪些对于重建的需求和重新植树造林的需求。

2. *你的通信联络方案是什么？* 你需要通知公众，紧急事件将会持续数天。你还需要联系科学家，让他们帮助你判断火山是否还会对居民造成更大的危害，以及如何治理环境才能让其恢复到火山爆发前的程度。此外，管理人员还需要联络其他联邦、州和地方各级组织实体，寻求在临时住房、食物、水源、搜救人员以及医疗资源上的援助。

实例分析引申出的主要问题

圣赫伦火山在爆发时区域内并没有正在作业的伐木工人，这对管理者而言非常幸运。如果当时有工人在场的话，遇难人数本来会更高。因为居民已经多次收到撤离出该区域的警告，所以那名不愿离家疏散的居民是按自己的意愿做出的选择。如果屡屡向居民发出警告但仍有一些居民愿冒风险留在具有潜在危险的环境里，那么对这些居民来说，在灾害发生时就不应该指望政府各实体会给他们提供什么援助。救助这些之前已经收到过撤离警告的居民，只会给一线救援人员增添额外的危险。

在这一实例中，政府官员无法预测到火山将于何时爆发。一座活火山在地震活动的作用下会发生比在其他条件下更为活跃的系列活动，这也让专业的火山学家很难准确预测到火山将于何时爆发，火山爆发时喷发的熔岩流和火山碎屑会有多么猛烈。因此，即便火山爆发不需要数年，只需要数月，可是在这数月的时间内火山同样可能爆发也可能不爆发，这样就很难找到一个准确的时间来限制火山周边的活动。管理者在面对这类情况时制定有效的疏散方案和应急响应方案就变得非常关键，这些方案将会为如何应对火山爆发时出现的最坏情况提供解决方法。

补充说明

圣赫伦火山爆发造成 57 人遇难。有超过 12 亿立方英尺的火山灰随火山喷发进入了大气层（USGS，2005）。

2008 年中国四川大地震

灾害第一阶段

现在你的身份是中国四川省应急管理办公室的主任。在 2008 年 5 月 12 日，四川省突然发生了里氏 7.9 级的大地震。无线和传统双绞线基础设施遭到了难以估量的破坏，造成了你与外界的通信联系中断。依旧高度依赖铁路运输的交通基础设施也在地震中损毁严重。省内许多建筑物已经被夷为平地（Tan，Washburn，Chorba and Sandhaus，2012）。

1. *你面对事件做出的第一反应是什么？* 因为将会有许多人被困在碎石瓦砾下面，而清除建筑残骸也需要人力上的支援，所以你需要尽可能多地召集志愿者和一线救援人员提供援助。已确定在地震中发生大面积垮塌的建筑，需要有重型挖掘和开凿设备前往进行搜救作业。此外，你还需要筹集医疗资源以及寻找依然屹立不倒，可以收纳病患和充当临时手术室的建筑设施。另外，为病患、一线救援人员以及流离失所的居民提供充足的食物、水源和药品供应也是你所要面对的挑战。

2. *你的通信联络方案是什么？* 有必要重建与省外政府机关的通信联系，以期获得急需由他们提供的援助来应对地震造成的大量伤亡，同时为了物流运输畅通也有必要对重要基础设施进行重建。你还需要建立起指挥站点，在现代通信基础设施完成重建之前，依靠通信员与省内居民保持沟通。

灾害第二阶段

尽管省内亟需医疗护理上的投入，但由于地处偏远且与城市化程度高的省份相比囊中羞涩，你还是没有能力向省内居民提供充足的医疗资源（Kurtenbach and Foreman，2008）。此外，你也发现了一个问题，省内许多已建成多年的学校和建筑物采用的建筑标准和其他发达省份采用的标准并不相同。不达要求的建筑标准导致大量建筑在这次地震中倒塌，并造成了大量人员伤亡（Kurtenbach and Foreman，2008）。单计算地震中学校的伤亡人数就超过了 9000 人（Hays,2010）。另外，现在各地无家可归的人数从 500 万 ~1100 万不等（Vervaeck and Daniell，2011）。

1. *你的行动方案是什么？* 你的首要任务是与政府官员和像红十字会国际联合会（International Federation of the Red Cross）这样的组织取得联系，向他们寻求医疗上的援助。像医疗资源这样的资源由于在发生危机时期具有稀缺性，而受过专业训练的医疗人员人数又很少，特别是在偏远贫穷的地区更是如此，所以往往很难得到医疗资源上的支持。此外，你还需要尽可能多地获得人力和设备上的支持，以便增强搜救工作的强度。鉴于损毁范围广，发起成立多支倒塌建筑搜救队伍分头进行搜救也是很有必要的。由于有大量居民流离失所，暂时安置在避难营地的人们需要临时住房、食物、水源、卫生设施以及医疗运输上的援助。有一种重型挖掘设备或许正好可以派上用场，那就是米—6 或米—26 提升重物军用直升机，其最大载荷可达 12000 公斤。如果地面移动设备或起重机完全无法靠近受灾地区，那么可由军用直升机飞入灾区直接提升起大块建筑残骸。

2. *你应该动用哪些资源？* 除现在正在进行的搜救任务外，你需要动用尽可能多的建筑工人和工程师来修复受损的基础设施，以及对虽然仍然矗立但可能结构已不牢固不适宜居住的建筑物进行检测。

实例分析引申出的主要问题

对于地震带上的建筑来说，建筑条例十分重要。如果建筑物年代久远或是施工过程并不符合适用于地震带的建筑条例，那么这些建筑物发生倒塌和造成人员伤亡的可能性就会增加。在这一实例中，四川这一面积广大但经济欠发达的省份中，大多数建筑物都建于 1976 年新版建筑条例颁布之前。新版条例增加了要确保建筑物抗震的内容，而四川的大量建筑物在建造时并无此内容约束，这也就导致了地震发生时造成了极为严重的破坏和人员遇难情况。此外，交通基础设施受损意味着本来能够向受灾地区快速调度的人力和设备在运输上受到了极大的限制。尽管基础设施中也包括有像无线通信和传统双绞线电话通信这样的现代通信手段，但这些可能会救人于危难的技术在破坏力巨大的地震面前却变得毫无意义。在这次地震中人们显然并没有铺建有备用线路以供在主要通信方式瘫痪时进行应急通信。应急管理人员一定要在他们制定的灾害反应方案中体现出有关备用通信手段的内容。

补充说明

地震造成 68000 多人遇难，超过 37 万人受伤。在地震中由于山体滑坡阻塞了河道还形成了 34 座堰塞湖（Vervaeck and Daniell，2011）。

第 7 章

自然因素致灾实例分析——其他天气、动物和病毒引发灾害

1888 年美国东北部大暴风雪

灾害第一阶段

现在你的身份是健康与居民服务部门的一名负责人。据权威消息，美国东北部地区将迎来极寒天气。在 3 月 11 日，美国大部分地区应该还是会有一个相对较好的天气的，但是当你拿出一条毯子盘在身上，透过办公室的窗户向外看去的时候，你发现大雪正在以非常惊人的速度簌簌落下。另外至少还有三个州也出现了大雪纷飞的同样场景，这些州的交通运输也因此陷入了停滞状态（Douglas，2005）。

1. *你的行动方案是什么？* 身为健康与居民服务部门的负责人，对你来说，调查清楚在严寒天气下哪些居民群体处于弱势地位是非常重要的一件事。一旦你找到了这些弱势群体，那么接下来哪些资源可以为你所用，以及如何调度这些资源，就变得非常重要。由于没有可以用来运输支持资源的机动车辆，所以你不得不另寻其他方法来向居民分配他们急需的资源。[1]

2. *你的通信联络方案是什么？* 由于此时能够使用的电子通信设施极其有限，所以在这种情况下需要你找出其他的通信方法，与居民、市州两级领导、其他组织机构以及一线救援人员取得通信联系。

3. *你应该动用哪些资源？* 你在开展寒冷天气应急处置的工作过程中，应该动用各种手段尽快把补给物资分发到弱势人群（比如幼童、年迈老人以及无家可归者）手中。这就意味着身为管理者你必须要知晓这些补给物资的存放位置都在哪里，并要与地方机构签署好向适宜人群分发这些资源的协议，为寒冷天气下的弱势群体提供物资供应。此外，针对不同人群，你应该储备有食品、取暖用燃料、加热器以及水资源等各种补给物资，以防出现因道路封闭造成与外界隔绝，无法从外界获取居民需要的支持资源的情况。还有就是，需要你想出运送补给物资的替代方法，想方设法也要把这些物资

1　1885 年德国发明了世界上第一辆汽车，而美国直到 1893 年才生产出本国的第一辆汽车。基于美国东北部地区的技术水平，基础设施情况以及保有燃料量，该地区的一线救援人员甚至到现在可能仍然在执行灾害反应任务时无车可用。

送到各类被困人群手中。

灾害第二阶段

随着这一天慢慢过去，国家气象服务发布了雪情报告。报告显示这一天内国内各地全天降雪量超过了 50 英寸（Douglas，2005）。此外，通信基础设施受大雪影响其情况变得起伏不定，并且此时的燃料供应也是非常有限（Brunner，2007）。

1. *你的行动方案是什么？现在就要*采取行动。你一定要考虑一下你能不能从那些未受到恶劣天气影响的国内州府和区域引入额外的支持资源。如果可以的话，火车会是一种不错的运输方式，其运量大速度也快。这就意味着那些区域的领导们需要互相协商并签署好协议，为那些被大雪困住的社区居民搜集必要的食品、水资源以及燃料。条件如果允许，或许也可以选择船运作为另一种运输方式，从南方各州把大批补给物资运向灾区。此外，为了保证火车轨道不留积雪和船运水道畅通无阻，也需要有充足的支持资源来对二者予以维系。另外，你还需要为那些没有燃料供应或是无家可归的人找到临时避难场所。

2. *你新的通信联络方案是什么？* 在电子通信受限的情况下，让通信员骑马、搭船、乘车来传递信息将会成为你主要的远距离通信方式。而对于地方通信而言，地方的城市领导可以大量使用通信员来传进传出信息。

3. *你如何动用你的资源？* 你需要在物流运输上投入资源，致力于实现运输通道能够畅通无阻，补给物资能够及时发放。此外，就饥饿和冻伤的问题，还需要你具体实施医疗行动方案来救治受饥寒之苦的伤病。

灾害第三阶段

现在是 3 月 13 日，居民在家中因冻饿而死的报告接踵而至，你的办公室里已经到处都是这样的报告（Schmid，2005）。此外，道路完全封闭造成消防员无法出警，消防站也因此被迫关闭，而这时发生的火灾则在整个区域内蔓延燃烧，丝毫不受人为的约束。已有多人在火灾中受伤（Brunner，2007）。

1. *你的行动方案是什么？* 此时需要你纵观全局，明确现在为了缓解食物短缺之急已经采取了哪些措施，以及还应该采取哪些措施。支持资源可能需要通过物流运输重新分配到现在需要它们的地方，而人力资源则需要流向医院援助医护人员以及流向消防站点，让其重新恢复消防职能。

2. *你应该动用哪些资源？* 你需要为物流运输配有更多的支持资源，并要准备好应急管控服务。而想要让公路、铁路和航道能够畅通无阻地输送食品、水资源、燃料等物资，人力的维系就变得至关重要。同样在危机这一阶段也非常关键的还有，你要派遣专业技术人员前往医院和消防站支援工作。

灾害第四阶段

3 月 14 日雪仍然在下（Brunner，2007）。你接到报告，沿岸有 200 艘船只被冻住，各船现合计有 100 名船员不幸遇难（Douglas，2005）。此时燃料已经耗尽，肆意燃烧的大火单给该区域造成的财产损失就超过了 2500 万美元（Brunner，2007）。

1. *你的行动方案是什么？* 考虑到有这么多船只冻在港口动弹不得，地方管理人员应该为这些港内搁浅船只上的船员提供避难场所，并且这些船上的船员也是有可能被转化为提供物流运输服务和清理整个运输区域的人力资源的。另外，你应该额外分配人手来应对当下肆意蔓延的火情。

2. *此时你应该关注哪些服务？* 你应该主要关注的应急服务事项有：保持物流运输路途畅通；向居民分发食品、水和取暖燃料；以及扑灭各处熊熊燃烧的大火。此外，对于那些没有避难所可以栖身，没有燃料可供取暖的居民，应将其疏散至临时避难所，甚至在物流运输状况得到改善前可以将其临时疏散出受灾区域。

实例分析引申出的主要问题

备有完善的物流运输方案以及储有燃料、食品和水，这两点对于灾害反应过程中的居民具有重大的生存意义。而在不具备这两点的相反情况下，极寒天气就会造成幼童和老者极易染病甚至濒死。这些因素需要管理者谨记于心，协助自己判断哪一部分人群是最为弱势的群体，哪一片地区应该优先得到资源的援助。

这一研究实例中有数个需要进行讨论的领域。其中最大的一个问题就是人们在面对长时期的寒冷天气时却没有任何应急物资储备可以使用。一旦出现基础设施受损，居民变得孤立无援的情况，备有燃料补给站点对于保证交通运输和满足供热需求来说就变得非常重要了。此外，没有备用的通信基础设施也让居民无法与外部的实体机构取得有效联系。为此，管理者必须制定出使用其他通信方式的应急方案，以防发生主要通信系统失灵的情况。

补充说明

人们至今仍然认为 1888 年美国东北部大暴风雪是美国历史上最为严重的暴风雪。这次大暴风雪一度让波士顿、纽约、费城以及华盛顿哥伦比亚特区经历了两天的大雪封城。由于食品、水和供暖燃料不足，大量人员在雪灾中死亡。如果能够为他们提供适当的支持资源，那么这些遇难者本来是能够生存下来的。

1898 年非洲察沃（Tsavo）食人狮惨案

灾害第一阶段

现在你的身份是一公共工程项目的施工负责人，主管肯尼亚至乌干达铁路沿线中一地位极其重要的铁路桥的修建工作。乌干达铁路项目的工程预算为 530 万英镑，预计建成后将会打通肯尼亚和乌干达之间诸如象牙之类的贵重商品贸易（Monitor Reporter，2012）。为这一项目，英国政府单从印度调集铁道车辆和劳工就已经花费了 100 万英镑（Monitor Reporter，2012）。这条铁路线自 1895 年起就一直在修建，英国政府在非常焦急地等待你完成铁路桥的修建任务。铁路桥一旦竣工就可以赶在其他潜在竞争对手之前完成剩余的铁路修建任务（Nairobi Chronicle，2008）。而在你抵达察沃地区开始监督施工的时候，你就已经有了关于桥梁的设计思路，并正打算付诸实践。在施工现场工作了一个星期之后，你却收到消息称，你最为干练的施工队伍里有两人竟然神秘失踪了。许多施工人员都认为这两个人是在帐篷里睡觉的时候被狮子拖走咬死的（Patterson，1919）。

1. *你的行动方案是什么？* 你的首要任务是采取行动保护你的施工队伍。就算你反对这些工友的说法，对狮子杀死工人一事持怀疑态度（Patterson，1919），你也有责任采取面面俱到的措施，确保施工现场的人员安全和场地安全。其实让施工人员住在帐篷里是一个可以接受的安置办法，但是你要保证如果这一区域内真的有掠食人类的狮子存在，那么至少在帐篷周边的范围内施工人员是可以受到保护，帐篷区是可以得到守卫的。毕竟你现在身处于一落后区域的中心位置，栖息于此的野生动物都极其危险。这一问题本就应该在施工人员抵达施工现场前先行考虑。此外，你也需要找到两名失踪人员的遗体，核实他们到底是为狮子所害还是另由人为犯罪所致。

2. *你的通信联络方案是什么？* 身为负责人，你应该与施工队伍进行沟通，不仅要告诉他们你正在采取行动来核实这两名施工人员的死因，而且要向他们解释清楚，为了保证他们的生命安全你都采取了哪些措施。既然你希望你的施工队伍能够保持干练、真诚、勤恳的工作态度，那么你就需要确保他们每一个人的生理健康和心理健康都会被严肃对待，这很重要。你应该要求施工人员如遇可疑情况立即向你或是你的上级经理进行汇报，这样做有助于解决工人营地面临的潜在危险。

3. *你应该动用哪些资源？* 你应该把施工人员的营房聚集到一起，以便对他们的保护效率更高，作用更大。此外，你还应该雇佣武装警卫负责守备并围绕施工人员的营房修建起围墙。另外，任何能够吸引狮子（如果真的是狮子咬死了这两名工人）的东西都要放在远离施工人员营房的地方，避免掠食动物对施工人员产生兴趣。还有就是，你也应该就如何避免与野生动物（不仅仅是狮子）发生交集对施工人员进行培训，防止出现伤亡情况。

灾害第二阶段

你已经在察沃工作了三周，但仍然没有发现两名施工人员的尸体下落。此外，你对两名施工人员是被狮子所害的说法一直抱有怀疑，所以你并没有采取什么预防性措施来保护施工队伍的安全。但是现在又有工友目击到了一名施工人员被狮子拖拽出帐篷大快朵颐。你对事发帐篷进行了调查，确信这名施工人员确实是被狮子拖出帐篷咬死的。你和另一位工作人员试图去追踪肇事狮子的踪迹，你也在设法找寻这名新近受害人的尸体以及早些时候遇害的两名施工人员的遗骸。几经努力，终于发现尸骨。经过尸检，你发现食人狮子显然有两只（Patterson，1919）。

1. *你的行动方案是什么？* 既然你已经证实了施工人员遇害是由两只狮子所致，那么你就应该立即采取行动保护你的施工队伍。你的专业背景可能是与工程相关，但此时应急管控的任务与修建大体量的桥梁项目同样重要，应该马上着手管控工作。正在遭受死亡威胁的施工人员是在你的指挥下为你工作，你应该把他们的人身安全放在首位，而修建桥梁才是应居于次席。你也应该与外部的组织机构进行联系，看一看是否能够从它们那里获得援助来解决狮子吃人的问题。

2. *你的通信联络方案是什么？* 施工人员想知道你会如何应对兽患，也想知道你打算怎样保护他们的人身安全。身为负责人，你需要把迄今为止发生过的所有大事小情以及你将采取哪些措施来解决现在的问题通通告诉他们。如果这个时候再不采取措施，施工队伍就会认为他们的生命还没有完成桥梁建造任务来的重要，对你的管控能力也将不再抱有信心。

3. *你应该动用哪些资源？* 再重申一次，身为负责人，你应该采取措施保护你的施工队伍，要让施工人员居住营房的选址更为紧密，同时确保在狮子最有可能发动袭击的夜晚有武装警卫负责站岗执勤。还要沿营地四周设立临时性安全围栏。此外，你也应该招募一名训练有素的专业猎手来负责追捕这两只狮子。

灾害第三阶段

你决定要凭借自己的力量来消除狮子造成的威胁。你建立了能够俯视营地的狩猎小屋，监视起最后一名遇害者被拖走的事发帐篷和施工队伍仍在使用的起居营房（Patterson，1919）。从本质上来说，你正在把你的施工队伍当成诱饵，希望借此吸引狮子重新出现。但是你的希望落空了，狮子袭击了距此半英里远的另一处营地，又咬死了一名工作人员（Patterson，1919）。由于你到现在仍然没有把施工队伍居住的营房安排的紧凑一些，狮子可以选择袭击的目标还是有很多，而你只能猜测它们下一个袭击目标在哪里。这一应急策略存有诸多隐患，那么你下一步的行动方案又是什么呢？

1. *你的行动方案是什么？*你应该考虑招募一名职业猎人，因为你的本职工作理应是监管桥梁修建而不是消除兽患。要想让铁路桥得以胜利竣工，你就需要让施工人员愿意从事这个建设项目，而现在你却是在短时间内不断地失去优秀的施工人员。再强调一次，保证施工人员的生命安全是最重要的事情，他们的安全问题仍然有待解决。

2. *你的通信联络方案是什么？*你需要与施工人员进行沟通，告诉他们你正在采取措施应对兽患，也正在找寻新近遇难者的遗骸。但不要告诉他们你正在拿他们当诱饵吸引狮子，他们可能一点也不喜欢你出此下策，这也会损伤他们对你领导能力所抱有的信心。

3. *你应该动用哪些资源？*在狮子的威胁得到有效解决之前，你在察沃河（Tsavo River）上架桥施工的工程进度将会放缓。你需要引入一名专业的追踪猎手将两只狮子予以捕获或击毙。此外，你还需要雇佣配有武器装备的安全人员来保护你的施工队伍，并且要为他们建立起居住条件更好，比原先帆布帐篷更加安全的营房。

灾害第四阶段

狮子已经杀死了五名施工人员，而你猎杀狮子的策略却还是不见效果。尽管你为如何捕猎这两只掠食者进行过演练，但是你的施工队伍却还是已有多人被害。虽然你现在采用了把山羊拴在树旁充当诱饵的做法，但是这两只狮子还是忙于猎杀仍旧睡在毫无防备的帐篷里的施工人员。为了更好地保护你的施工人员，你采取了修建新医院和新围栏的措施。但是此时你仍然执意要凭一己之力捕获到这两只狮子，为此你还又新建了一座狩猎小屋（Patterson，1919）。你觉得这个策略的效果会更好吗？

1. *你的行动方案是什么？*修建新围栏和医院确实是在正确方向下迈出了两步，但是为了保护施工人员，你应该做的远远不仅于此。你应该引入一名专业的追踪猎手由他专门负责猎杀这些动物，这样你就可以重拾你理应去做的主业，去修建铁路桥。

2. *你的通信联络方案是什么？*迄今为止，你尝试过的所有措施都以失败告终。有时让工作人员理解你确实在试图解决他们的问题，只是还没有成功罢了，也同样很重要。你需要强调为保证他们的生命安全你正在采取各种措施的事实，修建好的新医院和围栏就是为了能够更好保护他们生命安全的例证。

3. *你应该动用哪些资源？*与你的想法背道而驰，你并不是世界上的最佳猎手。狮子还是随心所欲地闯入营区，叼走毫无还手之力的受害者。职业猎人和武装警卫还是应该被引入营区。

灾害第五阶段

一名猎人和他的后勤人员已经抵达营地来帮助你猎捕狮子（Patterson，1919）。两只狮子捕食你的施工人员已有数月之久，你终于设法猎杀掉了其中的一只（Patterson，

1919）。你的雇主开始担心你无法完成铁路桥的修建工作，整个铁路线因此也就会无法按照原定计划时间如期竣工，所以他们派来了顾问来检查桥梁的施工进度。派来的顾问对施工进度表示满意，同时也对你陷入与狮子苦斗的窘境表示同情（Patterson，1919）。但是，另一只狮子仍然逍遥在外，你的施工人员的处境依旧危险。

1. *你的行动方案是什么？* 你需要采取行动来猎捕另一只狮子，但是问题在于：你打算如何猎杀它？你打算由职业猎人猎杀还是由你自己猎杀？但不论这两个问题解决了其中哪个，施工人员的危险处境都不会在狮子被猎杀前有所改观。你仍然需要考虑施工人员的人身安全和他们居住的营地安全的问题。事关安全你却一直都没能拿出令人满意的解决方案。

2. *你的通信联络方案是什么？* 为了提振施工人员的士气，你需要强调一只狮子确实已经被猎杀的事实。此外，你还需要就现在正在努力猎捕另一只狮子的实情与其他人员进行讨论。

3. *你应该动用哪些资源？* 还存有一只狮子的威胁，你应该投入适当数量的资源专注于猎杀狮子。安全警卫仍应在夜晚站岗，守卫施工人员的营房。你还要采取所有可以采取的预防措施，让可能引来狮子的所有东西都远离安眠中的营房。

灾害第六阶段

你现在已经猎杀了另一只狮子，正在为完成桥梁的修建工作而努力（Patterson，1919）。早些时候一些离你而去的施工人员又重新回到工作岗位（Patterson，1919）。这两只狮子在过去九个月的时间里估计总共杀死了135名铁路工人（Field Museum，2007）。而你现在还要解决其他野生动物（即鳄鱼）捕杀施工人员的问题（Patterson，1919）。

1. *你的行动方案是什么？* 此时你应把注意力主要集中到完成桥梁的修建工作上来。另外也要注意，你需要提醒施工人员附近除了狮子外还存有其他危险。

2. *你的通信联络方案是什么？* 你应该联系外部组织机构，告诉他们狮子袭人一事已经告一段落，工人们的施工环境现在非常的安全。

实例分析引申出的主要问题

这一实例发生在帝制时代，那时候被运往工作场所工作的工人不具有与要求他们工作的宗主国同等的价值。因此，在帕特森（Patterson）的决策过程中，我们可以看到其思维脉络是沿着施工人员在一定程度上可以牺牲（即用工人充当诱饵）这一线索向前推进。但我们也应该注意到，帕特森最后对其决策进行调整，重新决定要确保施工人员的人身安全和营地安全不受威胁，只是之前流血事件发生过多后的无奈之举。

如果雇主采取了预防措施，并准备好了适当的资源，那么本是可以避免施工人员在有危险野生动物出没的区域工作时发生危险。主要任务是负责工程项目的管理者只需扮演好建筑师、工程师和监工的角色，不应该由其出面解决猎捕狮子的问题。诚然，笔者在事后给出了他们的建议，告诉大家事态本来应该如何发展。但是在一个人们都知道有危险野生动物出没的区域，帕特森确实本应该采取一些看上去更合乎逻辑的行动来确保施工人员的安全。这一研究实例表明，有些时候想要解决问题还是需要有专业人员。本来可以一出现问题就叫来职业猎人或是追踪者解决问题，本来也就可以避免惨案最后出现大量人员遇难。

补充说明

两只察沃食人狮现在（2012）都在芝加哥的菲尔德博物馆展出。与好莱坞电影《黑夜幽灵》（The Ghost and the Darkness）描述的不同，两只察沃食人狮都是没有鬃毛的雄狮（Field Museum，2007）。

1916 年美国新泽西州大白鲨袭人事件

灾害第一阶段

现在你的身份是一名负责保卫某州海岸安全的美国海岸警卫队指挥官。尽管你的国家现在并没有处于战时状态，但是你却接到了战争随时可能爆发的指示。你可能不仅需要保护人民的安全，还要担负起反潜艇的职责，要用有限的资源来支撑起这两项基本工作。如果发生危机，你对该州州内和附近所有水道负有管辖权。现在正值夏天，居民酷热难耐。由于该州地处美国北部，以往即便在夏日数月里也难见天气变暖和，并且此时供居民使用的空调价格还是非常昂贵，所以在大多数居民家中都没有空调可去热降温。[1] 为了摆脱酷暑，居民打算到海滩、河边、溪湾消暑娱乐。你对成千上万名居民的安全负有责任，必须就居民到水边纳凉的问题与州政府和市政府协同工作。

1. *你的行动方案是什么？*归根究底，你应该列出一张有关所有工作人员和支持资源的清单，并为执行两项基本任务决定好调配人员和部署资源的最佳方式。海岸警卫队可以把用于海岸工作的小型船只当作支持资源，乘船在附近区域的海滩和主要河流执行巡逻任务。如果战争爆发，你则可以动用你的大型舰船沿海岸巡逻执行反潜艇任务。

2. *你的通信联络方案是什么？*身为该州海岸警卫队的指挥官，你将会与地方社区的领导和州一级机构保持密切的工作关系。他们也许能够为你的工作提供额外的资源。你需要确保这些官员清楚你的职责任务，如有战争爆发，负责战时反潜艇工作将会是你主

1　此时确实已经出现了中央空调，但是其极为昂贵的购买费用和安装费用限制了实际拥有空调的居民数量。

要的职责所在。此外，为了建立起发达的通信网络，让人们能够汇总信息和发布信息，你还需要与熟识水道和沿海区域情况的地方人士进行联系。

灾害第二阶段

7 月 2 日你得知在前一天晚上 6 点 45 分（Fernicola,2001）有人在一度假小镇遭到“大型动物”攻击致死，事发时此人正在深水区游泳。根据目击者的陈述和死者身上的伤势，你确定这次攻击事件的始作俑者是一种大型鲨鱼。

1. *你的行动方案是什么？* 你需要与地方领导人进行会晤，努力说服他们关闭靠近事发区域的海滩。如果把海滩关闭一小段时间，那么鲨鱼就会意识到该区域无食可觅，可能就会游离该区域，而这次鲨鱼袭人事件可能也就会变成一次孤立的事故。此外，你需要做出决定，是不是使用排鲨长网并增强在最负盛名海滩的巡逻强度就可以让海滩游人得到更好的保护。你还应该想办法努力得到鲨鱼行为研究专家的专业服务，帮助你来捕获鲨鱼或是找到能够威慑鲨鱼以保护游泳者的东西。

2. *你的通信联络方案是什么？* 因为你对该州的安全负有责任，所以你在此时发布新闻公告将会是一个明智的决定。公告会要求游泳者和地方人士留心潜在的危险并警惕那些具有潜在危险性的大型鲨鱼。

3. *你将如何与其他政府官员进行合作？* 你唯一希望能够与地方官员实现合作的事就是关闭海滩。此外，地方官员可以投入额外的资源来定位危险鲨鱼的位置，许多沿海城镇和城市也都有可以捕获像鲨鱼这样危险生物的大型渔船，这就能够缓解资源上的压力。

4. *你将如何分配你的资源？* 此时你应该着重考虑把你的一些小型船只和船员投入到公共海滩和泳区的保护工作上来，防止鲨鱼袭击游人。与保障生命安全，开展搜救工作的传统职能任务不同，这次你的资源将会投入到捕获鲨鱼的各种活动中。

灾害第三阶段

尽管出现了鲨鱼袭人事件，但是各处海滩在事发后依然对外开放，而至今也还没有捕获到一只鲨鱼。你收到来自大型港口城市多位海上执勤队长的报告，报告称他们看到有大型鲨鱼正在区域内游弋。7 月 6 日，另一名受害者在一处度假海滩遭鲨鱼袭击致死，他是在游离海岸 130 码后遇难的（Fernicola，2001）。恐慌情绪现在横扫该州沿海地区。地方官员和州府官员则担心鲨鱼袭人会损害到该州的旅游收益。

1. *你的行动方案是什么？* 再次有受害者在度假海滩死于鲨鱼之口可以让你对地方领导人施加更大的影响力，要求他们暂时关闭海滩。鉴于鲨鱼袭人的问题正在变得愈发突出，你决定要动用更多的船只和资源来帮助你寻找鲨鱼的踪迹。你也可以继续尝试劝说地方领导人，让他们为捕获可能出没于他们任务区域内的鲨鱼投入更多的资源。

2. *你的通信联络方案是什么？*你应该警告公众，海滩再次发生鲨鱼袭人事件。而地方领导人则应该要求他们辖区内的出海渔民一旦在海域内看到危险的鲨鱼需立即向他们汇报。这样一来，你就能够动用更多的人力来寻找鲨鱼，并且有效增加了你寻找鲨鱼和捕杀鲨鱼的资源。

灾害第四阶段

你看到某些海滩的度假区正在安装排鲨长网，配有武器的人乘坐船只在沿海地区巡逻防范鲨鱼。有些海滩正在关闭全滩。但是州长和各地方市长的捕鲨措施却让你面对的问题变得更加严峻，他们为捕获鲨鱼者提供了高昂的奖金，鼓励更多的人参与到下水猎鲨的行动中来（Fernicola，2001）。

1. *你的行动方案是什么？*现在你需要投入一些资源来保障在水道上大量出现的猎鲨者的生命安全。你也需要向没有排鲨长网或是没有武装人员巡逻的区域重新调配一些资源。

2. *你的通信联络方案是什么？*既然乘船出海的人数量大增，你需要向所有的乘船者提供安全设施以防安全事故增加。此外，你应该保持与居民的通信，告之公众危险鲨鱼仍未被捕获，游泳者下海仍有危险。

灾害第五阶段

你收到一份来自地方海上执勤队长的新报告（7 月 12 日），报告称其在位于内河水道的马塔旺溪湾（Matawan Creek）目击到了一只长达 8 英尺的鲨鱼（Fernicola，2001）。该地居民现在仍在溪湾附近游泳嬉戏。该区域在此之前从未发现有鲨鱼出没。

1. *你的行动方案是什么？*你应该马上向内河水道重新调配小型船只和船员，保障公众生命安全，捕杀鲨鱼。

2. *你的通信联络方案是什么？*因为有人目击到鲨鱼出没，所有你应该联络地方领导人让他们把内河水道内的游泳者疏散出危险区域。你还应该鼓励地方领导人在鲨鱼离开内河重返大海前投入资源将其捕获。

灾害第六阶段

7 月 12 日下午 2 时，一群孩子看到了鲨鱼露出水面的背鳍，一名 12 岁男孩在溪湾遭鲨鱼攻击致死。另有一人试图救出男孩未果，也遭鲨鱼袭击不幸遇难（Fernicola，2001）。

1. *你的行动方案是什么？*现在就要采取行动。所有游泳者都必须上岸。此外，你应该让你的部下把鲨鱼最有可能出现的内河部分用排鲨长网封锁。如有可能，还应该找寻两名遇难者的遗骸。

2. *你的通信联络方案是什么？* 你需要与地方人士进行探讨，准确估计出鲨鱼在发动攻击时位于内河哪一部分水域。此外，为了让你的资源得以高效使用，效果明显，你还需要找出鲨鱼可能游向了哪个方向。另外，沿河所有居民都应该收到有关鲨鱼出没的警告。

灾害第七阶段

7月12日下午2点30分，在同一溪湾出现了遭到鲨鱼攻击的第三位受害者，但地方居民把他救了出来（Fernicola，2001）。现在鲨鱼攻击事件已致四死一伤。肇事鲨鱼可能是一只，也可能是多只，但到目前为止与袭击事件有关的鲨鱼却一只都没有抓到。民众陷入恐惧之中并要求政府采取行动。此外，该州度假区的旅游业已经出现了经济损失，游客也离开了沿岸海滩（New York Times,1916）。媒体连篇累牍对鲨鱼袭人事件进行报道，让美国总统也就该问题与其内阁进行了讨论（Fernicola，2001）。连绵数州的海岸线地区都启动了大规模的捕鲨计划。

1. *你的行动方案是什么？* 你需要向内河流域尽可能多地投入资源来应对仍然活动频繁、屡屡攻击人类的鲨鱼。由于有伤员出现，现在需要你存留医疗物资和医疗人员。

2. *你的通信联络方案是什么？* 地方渔民积极投身捕猎鲨鱼的活动，为此你应该与他们协同工作。如若不然，鲨鱼就可以从未被你的搜寻范围覆盖到的盲区游离该区域，逃之夭夭。

灾害第八阶段

终于有好消息频频入耳。7月14日，两名当地人在靠近发生过袭击事件的河流的河口处抓到了一只长达7.5英尺的大白鲨（Fernicola，2001）。在对鲨鱼尸体进行检查的过程中，人们在其胃里发现有人类遗骸。这只大白鲨被捕获后，全年再没有发生过鲨鱼袭人事件。

实例分析引申出的主要问题

自然灾害肯定是会发生的，无论是谁都做不了什么阻止它的发生，但这一研究实例中存在的重大议题则不然。只要政府保持与居民适当的通信，在鲨鱼首次袭人之后即告知居民要远离河流，那么一些受害者或许本应不至遇难。这一实例的最大败笔就是管理层对于鲨鱼的公众危险性存在误解。在内河水道鲨鱼袭人事件里，管理层似乎缺乏与沿河地区民众的沟通，没有在鲨鱼首次袭人后就告诉他们在沿河区域也有危险鲨鱼出没。居民对鲨鱼袭人事件作出了有力的回应，但是为时已晚，既没能阻止后续鲨鱼袭人事件的发生，也没能在其离开河流前将其捕获。

补充说明

大白鲨袭人事件总共造成了四死一伤。此外，新泽西州在旅游旺季也损失掉了大量的经济收入。这一事件成为了彼得·本奇利（Peter Benchley）所著小说《大白鲨》（Jaws）和1975年上映的同名电影的灵感源泉（Fernicola，2001）。

1995年美国芝加哥热浪

灾害第一阶段

现在你的身份是美国中西部地区一州级机构的负责人。7月1日，你所在的州正在经受着极不合乎该地季节的热浪天气的炙烤。因为在夏季数月里人们很少感到炎热，所以许多居民都没有安装中央空调。7月12日，气温已经超过华氏99度（摄氏37度）（Klinenberg，2004）。根据经验，你知道老人和小孩在这种天气下更容易出现热衰竭和中暑的情况。

1. *你现在的行动方案是什么？*你应该努力筹集资金，或者为居民安装窗式空调和电风扇，又或为居民发放用于购买这些设施的补贴。这样一来就能够缓解那些只能依靠微薄的固定收入维持生活的穷人和老者所受的热气之扰。

2. *你需要哪些资源？*不管是安装设备还是发放补贴，像这样的一个项目需要有专人来进行管理，也需要有资金上的支持。对于那些收入处于水平某个收入等级之下的人群，你可以建立起专项基金来补贴他们的用电费用。

3. *你的通信联络方案是什么？*为增加项目的资金量，那些可以找到哪些人群需要项目帮助，并且可能为你的项目实施提供资金支持的非营利性团体应该成为你的联络对象。此外，你还应该与公众建立起一种交流方式，好告诉他们现在有这么一个项目可以帮助他们。

灾害第二阶段

7月13日、14日两天气温仍处于超过华氏99度的高位。危在旦夕或是送院治疗的居民人数在以惊人的速度增加（Klinenberg，2004）。

1. *你打算提出什么样的方案来阻止出现居民染病和死亡的情况？*除空调外，水是居民需要的另一样预防脱水、热衰竭和中暑的良剂，所以你需要为那些没有自来水可用的人建立起供水站。如果资金援助并没有如期而至，那么你需要建立起配有空调设备的临时避难所，让那些家中没有空调可用的人群到这里来避暑，直到热浪退去。

2. *你与州内居民进行沟通的通信联络方案应该包括哪些内容？* 你应该敦促家中安有空调设施的居民开启空调，以防出现热衰竭、中暑、脱水等危险。如果向居民提供空调设施和水资源的项目能够在资金支持下得以运转，那么该项目应广泛向公众宣传。此外，你也应该告诉居民要留意那些独居在家、容易脱水、热衰竭或是中暑的邻居，并通知有关部门身边有哪些住户出现这些症状的可能性更高。

3. *你考虑纳入其他哪些组织机构来应对现在的危机，以期它们能为受热浪之苦的居民提供援助？* 你需要与已经对穷人老者施以援手的非营利性组织机构进行接触。和这样的组织机构结成联盟将会有效增强你所在部门的应急能力。

实例分析引申出的主要问题

管理者应该确保与非营利性组织结成的联盟可以为最有可能患上热衰竭的居民提供有效的援助。不同于国内那些居民会安装空调的传统区域（即亚利桑那州，新墨西哥州和得克萨斯州），夏天通常都是温和湿润的北方各州居民很少在家中安装空调。

居民在酷热难耐的天气下变得极度脆弱，而管理层却无法对其施以有效的援助，这就是这一研究实例中需要我们关注的地方。除最弱不禁风的群体（即小孩和老人）外，社会经济因素也使其他一些群体处于危险之中。一些居民可能交不起电费或是一直住在陈旧、各种条件都缺乏的房子里，这些因素都会使情况进一步恶化。

补充说明

芝加哥热浪直接造成芝加哥 485 名居民死亡，被送往医院救治的居民则不计其数（Klinenberg，2004）。热浪也导致了道路基础设施受到损坏，许多吊桥被迫临时关闭（Schreuder，1995）。根据芝加哥健康委员会的估测，这次热浪直接或间接总共造成 733 人死亡（Schreuder，1995）。

1999~2004 年席卷北美洲的西尼罗（West Nile）病毒

灾害第一阶段

现在你的身份是美国疾病控制中心的一名负责人。出现大量与西尼罗病毒有关的病例报告让你感到很是吃惊。从 1999 年至 2001 年，共有 149 人被确诊为感染西尼罗病毒，其中 18 人不治身亡（Lane County of Oregon，2008）。

1. *你的行动方案是什么？* 你应该查明西尼罗病毒爆发的地点是否有模式可循。如果存有固定模式，那么接下来你应该计划在一特定区域内采取行动，看一看在方案实施后感染病毒的病例是否呈现下降趋势。如果方案成功奏效，那么你接着应该在其他受到病毒感染的区域实施该方案。

2. *你的通信联络方案是什么？* 与那些出现感染有西尼罗病毒患者的地区的地方官员和州府官员进行联系对你来说很重要。因为西尼罗病毒是经由一种蚊子传播，所以你在通信联络方案中，应该向西尼罗病毒盛行地区的居民说明防止蚊虫叮咬的预防措施。

灾害第二阶段

2003 年居民感染病毒的情况相较历年更加严重，全年共报告 9862 例感染西尼罗病毒病例，其中 264 人不治身亡（Lane County of Oregon，2008）。

1. *你打算如何阻止西尼罗病毒的传播？* 为了阻止西尼罗病毒的蔓延，你应该制定一个喷洒灭蚊方案，哪里发现有西尼罗病毒，就把哪里的蚊子消灭。不杀光传播西尼罗病毒的蚊子，疫情就不会得到控制。

2. *你计划如何与地方和州府官员相互配合，共应危机？* 你需要协同各方喷洒药物灭蚊的工作，与可能已经开始灭蚊的地方政府和州政府共同消灭蚊虫。灭蚊方法和使用的化学药品可能需要进行标准化规范，让灭蚊工作在高效开展的同时也可以节约成本。

3. *你需要哪些资源来抑制病毒并救治感染患者？* 你需要有用于消毒的喷洒设备以及用于治疗感染病毒患者的各种药物。如果西尼罗病毒的传播范围变得更大，那么研发提升针对病毒的疫苗则会成为抑制病毒的长期目标。

灾害第三阶段

2004 年，西尼罗病毒在人群中传播致病率下降，全年只有 2470 例感染病例的报告，死亡人数则降至 88 人（Lane County of Oregon，2008）。

1. *你把现在西尼罗病毒传染致病率的下降归功于哪些原因？* 造成下降的原因是多方面的。使用驱蚊剂的人可能变得更多了，而喷洒药物灭蚊的方法也或许被人们证明是行之有效的。此外，气候条件可能也发生了变化，传播西尼罗病毒的蚊子少了，感染这种病毒的病例也就少了。

2. *基于你掌握到的西尼罗病毒不会像 2003 年那样大肆传播的资料，你应该继续开展哪些消毒工作？* 为让感染西尼罗病毒病例保持在低位，应继续开展喷洒药物灭蚊的工作。

实例分析引申出的主要问题

尽管病毒的传播途径多种多样，但有史以来蚊子就一直是传染病的传播媒介（比如说疟疾、黄热病等）（Centers for Disease Control，2007）。制定有能够控制住蚊虫数量和预防人口稠密区传染病大爆发的有效方案至关重要。在这一实例中，负责居民健康的官员们似乎被四处传播的西尼罗病毒打了一个措手不及，他们没能制定出相关方案来阻止被病毒感染病例的大量出现。

补充说明

席卷北美洲的西尼罗病毒在 1937 年于乌干达首次被人们发现（Lane County of Oregon，2008）。

2008 年美国得克萨斯州杀人蜂蜂灾

灾害第一阶段

现在你的身份是美国西南部一州级农业机构的负责人。3 月 25 日你收到来自圣安东尼奥的报告，报告称有一户人家在家中遭到蜜蜂的袭击（Sting Shield Insect Veil，2008）。之后人们才得以证实这种蜜蜂实际上被称作“杀人蜂”或是非洲蜂，它们是从墨西哥一路迁徙到美国的（Sting Shield Insect Veil，2008）。此外，你还知道这些杀人蜂会对你所在州当地的采蜜蜜蜂的数量造成威胁，而采蜜蜜蜂在酿造商贸用蜂蜜和为作物授粉上都扮演了至关重要的角色。

1. *你所在机构的优先任务主要是什么？*你应该查明杀人蜂现在所在的位置并试图控制住它们，直到制定出把它们从州里清除干净的方案。其次需要优先进行的任务是制定出方案来帮助那些杀人蜂在其房屋上筑巢和受杀人蜂攻击威胁的居民。解决杀人蜂的蜂巢问题需要放在首先考虑的重要位置。

2. *你与政府官员和居民之间的通信联络方案应该包括哪些内容？*你应该与县治官员，城市官员以及可以让你意识到在相应区域有杀人蜂出现的动物控制下级机构保持联系。此外，你还可以联络由大学和学院系统来负责运营的全州各农业站，让它们对四处迁徙的杀人蜂保持警惕。

3. *你认为现在你需要哪些资源？*你需要制定出一个对那些杀人蜂出现过的区域进行隔离检疫的方案，然后在其对居民和农业造成危害之前动用资源将其毒杀。

4. *为了应对杀人蜂，你需要与其他哪些机构进行联系与协作？*像这样具有侵略性的危险昆虫，联邦政府可以提供资源与之对抗。联邦政府的关注点在于要确保杀人蜂不会在美国境内继续深入，对国内其他地区的农业生产造成破坏。你需要与各县市政府以及从事蜜蜂养殖和农业的组织机构协同工作。此外，由州内大学和学院负责的农业项目或许能够帮助你对抗杀人蜂的威胁。

灾害第二阶段

4 月 20 日，圣安东尼奥再次发生杀人蜂袭人事件，一名男子在试图把杀人蜂驱赶出去的过程中意外引燃了自家的房屋（Sting Shield Insect Veil，2008）。

1. *你的行动方案什么？* 一旦发现杀人蜂蜂巢，你应该确保对它们采取摘取措施。你还应该对杀人蜂在圣安东尼奥地区的始发地和目的地进行隔离检疫。

2. *你应该为州内受影响区域动用哪些资源？* 你应该向受影响地区投入各类可用于摧毁发现的蜂巢的资源。此外，你可能也想要向受影响地区派出研究型科学家，收集有关杀人蜂数据信息，分析哪种方式是消灭杀人蜂的最佳方法。

3. *你的通信联络方案是什么？* 公众遇到杀人蜂应该如何应对，发现杀人蜂蜂巢又应该向谁报告，这些内容都是你应该努力向他们解释清楚的。通过告之公众遇到杀人蜂有哪些禁忌事项，你可以在潜移默化中拯救许多人的性命。

灾害第三阶段

州内 151 个县已证实出现杀人蜂，并且各地都没有迹象表明杀人蜂已得到了控制。现在杀人蜂又袭击了阿比林（Abilene）的一户人家，杀死了他们家中的两只狗。4 月 29 日，你收到来自位于科珀斯克里斯蒂（Corpus Christi）一家养老院的报告，报告称院内真的是有成千上万只杀人蜂蜂拥而至（Sting Shield Insect Veil，2008）。

1. *你的行动方案是什么？* 如果你无法控制住散布州内各处的蜂群，那么你应该联系联邦政府，要求其提供援助。你需要核实在人口稠密区域是否真的是有杀人蜂出现。如果真的有，采取措施弄清楚这些杀人蜂的蜂巢位置。

2. *你的通信联络方案是什么？* 你需要与联邦、县和城市官员进行有效沟通，并实时向公众和从事农贸养蜂的蜂农汇报当前情况。

灾害第四阶段

经证实，出现在养老院中的蜂种为普通采蜜蜜蜂。但是在 5 月 26 日得克萨斯州巴勒斯坦[1]的一名 41 岁受害者遭到数以百计的杀人蜂攻击致死（Sting Shield Insect Veil，2008）。

1. *你的行动方案是什么？* 你需要对杀人蜂的蜂巢采取更富侵略性的攻势，阻止杀人蜂侵入人口稠密区域。你的灭蜂工作需要与县和地方的官员机构协同进行。此外，在现在知道有杀人蜂出没的地区，应该准备好应对其伤人的医疗物资。

2. *你应该为州内受影响区域动用哪些资源？* 应该对杀人蜂进行更加详尽的研究，从而掌握它们身上可能存在的弱点，尽力把其从州内清除干净并防止其对农贸功臣采蜜蜜蜂造成损害。

3. *你的通信联络方案是什么？* 你应该花费很大的力气，继续就杀人蜂有哪些危害进

1 此处提到的巴勒斯坦为美国得克萨斯州安德森县的县治所在。

行公共宣传，并教给公众如何识别哪一种才是杀人蜂。

实例分析引申出的主要问题

美国已然出现了杀人蜂的蜂巢，可是却没有可以有效抑制它们侵入其他州、城市或是县的方法。所以，面对区域内可能有杀人蜂出现，管理者应该制定好应急方案来帮助遭到杀人蜂攻击的居民并且保护好那些可能会受到杀人蜂影响的产业。人们对于控制住杀人蜂的蜂巢无能为力，致使居民遭到攻击，酿造蜂蜜的采蜜蜜蜂，其蜂群也受到危害。

补充说明

持续数年的杀人蜂蜂灾致使人员和动物都出现了伤亡。在发生杀人蜂袭人事件的各县内均有大量的采蜜蜜蜂的蜂巢被隔离检疫，给蜂蜜制造业带来了不利影响（Sting Shield Insect Veil，2008）。

第二部分　人为灾害

第 8 章

人为灾害实例分析——工业事故和建筑结构坍塌

1907 年美国西弗吉尼亚州莫蒙加（Monongah）矿难

灾害第一阶段

现在你的身份是一个地方城市的消防队长。12 月 6 日上午 10 点 15 分，你收到一封急信，当地一处位于你市附近的矿区在作业中发生爆炸（Boise State University，2008）。

1. *你的行动方案是什么？* 你应该让所有的一线救援人员都对发生的这起煤矿事故保持警惕，然后确定各类可以帮助他们救援的资源的位置。挖掘设备（比如重型机械）、供氧设施、呼吸设备、危险材料专家、医疗物资、医疗人员以及工程师这些资源，可以帮助一线救援人员安全及时地救出被困矿工。

2. *你的通信联络方案是什么？* 你应该联系该矿区的所有人，地方政府官员以及可能为搜救工作提供资源的各种组织实体。

灾害第二阶段

现在你得到消息，6 号矿井和 8 号矿井发生坍塌，造成 300 多名矿工被困在矿道内，且矿道内有毒性气体出现。事实证明你的一线救援人员都没有适合应对毒气的呼吸设备，因此一线救援人员必须轮流替换进洞实施救援。此外，爆炸造成的塌方把两排装运铁矿石的车辆、石块和扭成一团的金属碎片堵在了矿道的主要入口，人员完全无法进出（Boise State University，2008）。

1. *此时你需要哪些资源来进行救援？* 如果你现在没有合适的呼吸设备可用，那么你需要从其他组织机构那里来获取所需。你也应该有可用的重型机械。有了重型机械才能挖通矿道进入矿井救出被困矿工。这一救援活动应该在工程师的监督下进行，工程师可以确保一线救援人员的人身安全并提出如何从碎石中发掘出受害者的最佳方式。此外，你还应该从附近社区搜寻到更多的人力资源来充当一线救援人员和志愿者。为了协助保护一线救援人员，你应该对其清理矿井的时长和轮班次数做出限制。还有就是，你应该确保救援现场有充足的水资源供一线救援人员适时补充水分。

2. *你的通信联络方案是什么？* 你应该一直与该矿井所属矿业公司保持联系，也应主要与现场的一线救援人员保持密切联系。此外，你还应该发布有关救援进展的信息，让被困矿工家属实时知晓情况。

灾害第三阶段

两天过后的 12 月 8 日，突发的两处火情阻碍了救援工作，你正在努力扑灭火情（Boise State University，2008）。此外，有大量被困矿工的亲友家属聚集在矿区门口等待他们挚爱之人的消息（Boise State University，2008）。你的救援人员现在正在从矿井中转移出遇难者遗体，但是找不到安置遗体的地方却成了问题。

1. *你的行动方案是什么？* 你需要指定地点作为停尸房，方便相关人员的尸体辨认工作和联系家属辨认遗体的工作。此外，现在与进一步开展救援工作相比，扑灭火情才是需要优先进行的任务。大火不仅会危及仍然生还的矿工的安全，也会危及一线救援人员和其他支持人员的安全。

2. *你的通信联络方案是什么？* 你需要动用执法人员对人群进行控制，并继续就救援工作每日向公众发布简讯。你还应该向城市官员们通报实时救援进展，并继续努力联系外界组织机构，请求它们提供帮助来救助被困矿工。

灾害第四阶段

遇难者遗体正在从矿井中被陆续转移出来。为了解决大量遗体的存放问题，你现在已经建立起了临时停尸房（Boise State University，2008）。

1. *你的行动方案是什么？* 你应该确保一线救援人员在持续进行的救援工作中始终具有一个安全的工作环境，并应尽快启动调查程序，调查矿区当时发生爆炸的原因。

2. *你的通信联络方案是什么？* 你应该将矿工家属送至临时停尸房，帮助确认遇难矿工信息。救援工作进行到此时已无再发现生还者的希望。救援任务应在现在转为尸体搜寻任务。

实例分析引申出的主要问题

如果在社区内坐落有某一专业产业，那么对于该社区来说，做好有可能进行应急救援工作的专业人员和设备准备非常必要。有了诸如专业人员、专业设备这样的资源，不论是生还者救援还是尸体搜寻工作都会变得大不一样（比如，俄罗斯库尔斯克号潜艇爆炸，艇上船员无一人生还，另如俄克拉荷马城爆炸案）。如果没有专业的人员设备可供使用，那么需要管理者制定出如何能快速获取到这些资源的策略，让救援工作的效果变得更加明显。

地方的一线救援人员缺少用来清理废墟和应对毒气的应急救援必需设备。设备的缺乏大大延长了把被困矿工从坍塌矿井中救出的时间，因此也降低了他们的生还概率。莫蒙加矿难造成了 362 名成年男性和男童遇难。因此次矿难，1908 年旨在规范采矿安全的美国矿业部成立（Boise State University，2008）。

补充说明

莫蒙加矿难是美国至今最为严重的矿难事故（Mine Safety and Health Administration，2008）。

1911 年美国纽约三角牌女衫工厂火灾

灾害第一阶段

现在你的身份是一大都会城市的市长。负责安全条例执行工作的官员向你汇报说，有一名服装制造商已因多次违反防火和安全条例而被传唤。

1. *你的行动方案是什么？* 你应该通知该服装制造厂如若其不能立即整顿至完全符合城市条例的要求，则根据周日程安排，工作人员将会关闭工厂并对公司处以罚金直至其符合条例规定。你也应该通知城市检查人员，在该工厂符合条例要求之间，要对其进行频繁的常规性检查。

2. *你实施方案需要哪些资源？* 身为市长，可以帮助你把你的方案意志加于公司所有者身上的人很多，这些人包括负责条例执行工作的官员，城市检察官，如果出现犯罪指控还包括有公安部门。

3. *你会联系其他哪些外界机构？* 你应该与相关监管机构取得联系。这些监管机构可以向该公司施加压力迫使其遵守条例。如若其不能遵守，这些机构则可以强制将其关闭。

灾害第二阶段

你接到警告，该服装厂发生了火灾，有 500 多名工人被困在楼内（Zasky，2008）。你应该如何继续着手保障工人的人身安全？

1. *你的行动方案是什么？* 你需要调配一线救援人员赶赴火灾现场，让工厂工人得以安全疏散，并阻止火灾朝工厂周边建筑蔓延。如果可以保住该服装厂则更好。

2. *你需要哪些资源？* 大型工厂发生事故就需要有大批的专业灭火和应急医疗人员来扑灭火灾并疏散火灾中可能受伤的工人。

灾害第三阶段

你获悉到防火楼梯在工人试图从失火工厂逃生的时候发生了坍塌（Zasky，2008）。你有没有第二套或是备用的疏散方案？你现在手头有哪些资源可以帮助制定出一份全然不同的疏散方案？

1. *你的行动方案是什么？*你需要消防部门为工厂工人创造出其他逃生通道。由于你没有直升机可供使用，所以你需要依靠长度可以伸及上层楼面的消防云梯等消防设备来实施救援。[1]

2. *你需要哪些资源？*鉴于可能会有大量人员被困于满是浓烟的楼内，你需要有更多的医疗资源和前去灭火的消防员投入救援。

3. *你的通信联络方案是什么？*你需要与因火灾受伤或遇难的工人的亲属取得联系。此外，一旦扑灭了火灾，你需要动用调查人员和公安部门调查火灾原因。

实例分析引申出的主要问题

为何制定和执行建筑条例如此重要，在这一实例中的失火工厂为我们提供了一个例证。如果按照建筑条例执行的话，违反防火和安全规定的服装公司就应强制让其遵从条例的内容。而这座城市本来也是有能力关闭其不合规定的工厂的。只有制定好，执行好合乎时宜的建筑条例，一个政府实体才有能力减轻自身的负担，并从源头阻止潜在悲剧的发生。

补充说明

三角牌女衫工厂火灾事故推动了有关工人工作安全的改革进程，并促使政府在工业安全监管上投入了更多的精力（Zasky，2008）。

1984 年印度博帕尔（Bhopal）工业化学事故

灾害第一阶段

现在你的身份是印度博帕尔市的公共安全负责人。归联合碳化物公司（Union Carbide Corporation）所有的一座化工厂设于你市，其大量生产用于制造杀虫剂的各种化学制品。该工厂名为联合碳化物印度有限公司（联合碳化物公司旗下子公司），是由地方持股人出资建成，印度政府在该公司也占有 22% 的股份。该工厂建于轻工业制造区（不适合危险工业进驻），区内交通基础设施网络四通八达。由于化工行业的内部竞争，这家工厂最终在竣工后开始生产化工原料以及加工封装杀虫试剂。政府已经注意到该工厂存有安全漏洞，但是其所属公司却没有采取任何措施来填补这些漏洞。公司出此下策可能是因为修

---

1 1938 年以前一直没有出现可以量产直升机的真正可行方案。直到 1938 年时德国才研发出 Fw61 型号直升机。美国则在 1942 年推出了 R-4 型号直升机。

复工厂安全漏洞有可能需要关闭工厂，而这会给区域经济带来严重的负面影响（Broughton，2005）。

1. *你的行动方案是什么？*你的行动方案首先应该准确洞悉工厂存在有哪些安全漏洞。而如果这些安全漏洞致使在人口稠密地区发生了灾难性的事故，你的方案也应该对事发后的严重程度做出预测。如政府拒不采纳你的报告意见，那么你就需要自己制定针对工厂周边地区的疏散方案和控制方案。有一些组织机构可以帮助你的工作人员控制住可能出现的各类化学品泄漏事故，你也应该与它们建立起联系。对于大型化工工厂而言，你的工作人员需要额外的资源来帮助控制可能发生的化学品泄漏以及疏散附近居民。此外，你还应该为工厂周边地区准备好一个疏散路线方案，并为你的工作人员配备有危险品 [hazardous material（HAZMAT）] 防护服，以防身体暴露在不稳定、易腐蚀或是弥漫在空气中的化学品之中。

2. *你的通信联络方案是什么？*你应该向工作人员简明介绍化学工厂可能出现的各种问题，并确保他们都受过应对化学危险品的训练。你需要就工厂的情况与政府保持常规性接触，如果工厂情况有变与已知的安全漏洞有关，则应随时通知政府。

3. *你应该利用哪些资源来确保安全条例可以得到落实？*你应该绘制出一系列地理信息系统地图，内容包括居民疏散路线图，某些化学品泄漏的影响范围图，以及如果发生紧急事件可能需要关闭的基础设施管线的所在位置图。此外，你也应该一直备有防毒面具、疏散车辆、医疗资源以及一线救援人员来应对突发紧急事件。

灾害第二阶段

12 月 3 日凌晨 1 点 5 分，你接到通知，该工厂由于安全阀失灵导致出现了灾难性的事故。从安全阀溢出的大量化学气体弥漫在空气中，而此时大部分社区居民还在睡觉（Broughton，2005）。你并不确定释放出去的是哪种化学气体，但是人和动物同样暴尸于博帕尔街头却是你清楚看到的。你现在收到报告，已有将近 3800 人一接触到神秘的毒气云团就顷刻毙命（Broughton，2005）。

1. *你的行动方案是什么？*你要做的第一件事是为你的工作人员配备防毒面具，让他们可以在毒气云团弥漫的区域安全开始疏散工作。然后，你需要找到该工厂释放的是哪一种毒气。如果不能判定毒气类别，医疗人员救治病人时就无从下手，你也难以掐断该工厂流出毒气的源头。

2. *你的通信联络方案是什么？*你应该立即呼吁在毒气云团没有扩散到居民的居所之前，居民应马上疏散出该区域。此外，你需要联系工厂来确定泄漏化学气体的类别，并对该厂泄漏气体的密封装置状态进行检测。你还需要联系外界组织机构，请求它们提供医疗援助并帮助疏散附近区域的居民。

3. *此时你应该动用哪些资源？* 你需要尽可能动用所有的医疗资源以及装配得当、带有防毒面具和疏散车辆的一线救援人员。

灾害第三阶段

现在来到了灾害发生后的第六天，由于居民暴露在化学毒气之中，已有高达 10000 人死亡，数以千计的人中毒。医院已经饱和，也没有人准确知道异氰酸甲酯这种化学品会对暴露在化学毒气中的居民造成什么样的长期影响（Broughton，2005）。

1. *你的行动方案是什么？* 所有可以用来对抗化学毒气带来影响的医疗资源，你都需要对它们的位置进行定位。另外，你也需要更多的一线救援人员到事故现场，帮助可能因化学毒气致残的居民。

2. *你的通信联络方案是什么？* 你需要与政府官员保持联系并向他们表达这次紧急事件急需医疗资源的诉求。你也应该联络外界的机构和组织，从它们那里寻求额外的医疗资源援助。

3. *你此时应该动用哪些资源？* 此时，医疗资源和可以转化成现在紧缺的医疗场所的设施应该是各类资源中最需要筹集的资源。此外，你也应该找到合适场所充当临时停尸房。由于化学气体仍然会残留在遇难者的衣服和遗体上，所以要把尸体运到某一地点进行封存。当与他人有身体接触时，比如移动或接触别人（或者在此情况下不是人而是尸体），所有人都应穿有防护服，戴有防毒面具。

实例分析引申出的主要问题

政府对工厂安全漏洞的忽视是造成博帕尔惨剧的一个重要因素。对于政府官员和管理者来说，这一实例表明了当安全措施和安全标准低于工业标准时，情况就会朝着极其错误的方向发展。化学品泄漏事故对博帕尔居民的健康和生命能够造成的最大伤害是多少，永远也不得而知。对于有能力生产可以致人丧命的副产品的工厂，管理人员应该准备好应对最坏情况的应急预案，并一直备有可以使用的应急储备物品。比如备有防毒面具，与工业园区近在咫尺的周边居民就可以戴上它来保护生命安全。此外，这一研究实例也证明，不能因为经济要发展，就对威胁居民生命安全的危险情况采取容忍态度。

补充说明

联合碳化物公司最终支付印度政府 4.7 亿美元用于赔偿博帕尔事故中的受害者（Broughton，2005）。赔款金额是根据释放的毒气造成了 3000 人死亡，102000 人永久致残而计算得出。联合碳化物公司关闭了在博帕尔的工厂，但却没有对事故现场进行清理，结果工厂的化学品又污染了居民供水（Broughton，2005）。

1947 年美国得克萨斯城货轮爆炸事故

灾害第一阶段

现在你的身份是美国西南部一中型城市（16000 名居民）的城市经理。自 1911 年起，你的城市所拥有的深水码头就成为了运输农业产品和工业产品船只的主要停泊港口，船上的货物也可以在这里经由铁路线路运往他地。另有一大型石油化工公司在城市内布置有多处厂房设施（Moore Memorial Public Library，2007）。

1. *你应该在应急管控方案中解决哪些问题?* 知晓城市中存有哪些化学品，并拥有一支能够应对相应危险的训练有素的队伍，都是至关重要的。城市起初需要绘制出化学品存放位置的地图和各类可以应对现存化学品的基础设施的位置图。此外，城市的公安和消防部门应就如何应对这些灾害开展训练演习。此外，医院应准备好救治受化学品所伤的伤员的医疗资源。如果支持资源的条件允许，城市的消防部门应该对生产化学品的大型工厂进行常规检查，查看其是否安全和符合相关要求。

2. *为了制定好通信联络方案，应急管控方案应包括哪些内容?* 城市应有工业事故反应方案和为大型生产厂附近的商家居民制定的有效疏散方案。

3. *为应对你认为可能会发生的紧急事件，你应该准备好哪些资源?* 消防部门应该有可以动用的应对危险品团队、消防船只以及可以向着火点大量倾倒灭火化学试剂的空中灭火飞机。

4. *你应该与其他组织机构签订好哪些协议?* 你应该尝试与其他城市的城市经理签订好区域协议，达成发生危机互帮互助的共识。

灾害第二阶段

蒸汽机船伟大营地号（Steam Ship Grandcamp）在你市港口靠岸，货船上载有的货物为 2300 多吨的硝酸铵肥料（Moore Memorial Public Library，2007）。

1. *该船是否对你市造成了安全威胁，如果造成威胁，你将采取什么措施来确保城市和工业设施的安全?* 硝酸铵肥料属于易爆物品，其中含有的一种化学物质是用来制作火药的成分，你应该对装载有此类易爆品的船只予以关注。你也需要确保船长和船员在港内遵守各项安全程序。

2. *对于运输此类货物的船只，你应该准备好哪些政策和程序?* 运输此类货物的船只应该向城市消防部门报备货物的类型和数量。另外，应该在港内封闭区域停泊此类船只。如有发生不测，也不会影响到其他船只或是基础设施。

灾害第三阶段

4月16日，蒸汽机船伟大营地号的甲板发生火灾，此时一名码头装卸工正在往船上运货（Moore Memorial Public Library，2007）。

1. *你应该动用哪些资源应对紧急事件？* 消防部门应该动用其所有资源来对抗火灾。船上和周围人员也应疏散至安全地区。

2. *你的通信联络方案是什么？* 你应该与消防部门保持密切联系，并告知各医院有一场危机现在初露端倪。此外，你应该向周边城市和州府官员寻求援助。

3. *你可以采取哪些措施来缓解可能发生的灾害？* 如有可能，你需要把失火货船转移到远离基础设施和其他船只的地方。如果该船无法转移，则需让其附近的其他船只驶离该区域。

灾害第四阶段

现在燃烧的大火已经失去了控制，码头装卸工人和船员都没有办法扑灭它。此外，由于电话接线员们正在罢工，也没有人替代他们发挥功能，所以电话服务不可使用。你已经派出了两辆城市消防车，志愿消防员和另两辆消防车也已抵达火灾现场开展灭火作业，但是仅仅用水灭火却控制不住火情（Moore Memorial Public Library，2007）。

1. *你的行动方案是什么？* 你需要确保事发区域没有工人和市民在场，避免出现伤亡。如有可能，需要动用配备有阻燃化学试剂的飞机帮助灭火。

2. *你的通信联络方案是什么？* 由于你无法通过电话系统使用电子通信，所以需要你找到其他可以使用的通信方法来帮助通信交流的顺利进行，比如安排通信人员依靠人力传递信息或是通过短波广播招募志愿者。你也没有应对危险品的专业团队，为了得到可以用来应对化学火灾的关键资源，你也需要与地方官员和州府官员取得联系。你还应该向公众发出请求，希望电话接线员结束罢工重回工作岗位，让通信系统得以正常运转。

灾害第五阶段

船上船员只转移出了16箱小型武器弹药中的3箱。为扑灭火灾，船长向船上装载的货物上倾注水蒸气。不幸的是，水蒸气遇硝酸铵生成了有毒的硝化物气体，其在船上各处弥漫。船上船员现在已经得到疏散（Moore Memorial Public Library，2007）。

1. *你的行动方案是什么？* 由于此时火灾已经失去控制且没有切实可行的方法扑灭火灾，所以需要对这个区域进行全面疏散。港内所有船只都需驶离港口，码头上堆放的化学物品如有可能需要重新选择位置放置。

2. *此时你需要其他哪些资源？* 你需要有额外的一线救援人员来封闭该区域并确保各

处疏散工作都已在进行。你还需要让医疗人员及其资源保持高度警惕，以防不测。

灾害第六阶段

水蒸气让硝酸铵的温度急剧升高，并造成了船只燃料油箱的泄漏，而泄漏出的燃料又助长了火势。受火情吸引，许多路过的居民看起了热闹，围观起失火的伟大营地号蒸汽机船（Moore Memorial Public Library，2007）。

1. *你将如何应对越聚越多的围观人群？*你需要确保公安部门封锁住通向港口的道路，阻止围观人员靠近火灾现场。

2. *你打算如何应对蒸汽机船伟大营地号上的火灾？*不幸的是火灾已经失去了控制，城市里又缺少适合应对这种火情的消防设备，所以此时你并没有什么可以做的。你应该把所有一线救援人员都从火灾现场疏散出去，避免火灾造成他们的伤亡。

灾害第七阶段

上午 9 点 12 分，发生的爆炸震动了蒸汽机船伟大营地号的船身，将船体炸裂成数段。部分船体像弹片一样被炸到空中。远至 250 英里之外的地方都受到了冲击波的冲击。爆炸扬起的洪水让最初的事发区域洪水泛滥，周边的一座工厂和多栋建筑也受到殃及被洪水夷为平地。你获悉消防队长和 27 名消防员在爆炸中遇难，这让你市训练有素的一线救援人员人数出现巨大缺口。此外，你市没有正在运营的医院（Moore Memorial Public Library，2007）。

1. *你的行动方案是什么？*你需要联系周边城市的医院，将因火灾或因爆炸受伤的伤者送到这些医院救治，还需要成立多支搜救队来搜寻被毁建筑中的生还者。

2. *你打算如何解决没有医疗设施的问题？*你需要建立起临时医院，并在有适合的医疗设施可以收治伤者前尽可能多地召集医疗志愿者帮助这些伤员。

灾害第八阶段

爆炸造成数百名围观者、行人和工人遇难，多栋建筑被毁。许多建筑腾起的火焰都失去了控制。但是，最后你还是收到了一些好消息。电话接线员在此危机时刻重回工作岗位，拨通了大量周边机构和城市的电话，联系他们寻求支援。你刚刚收到消息军队，各地方城市以及各医疗中心都正在派遣人员和资源来援助你市（Moore Memorial Public Library，2007）。

1. *你会用这些新的资源首先做什么？*你的首要任务是扑灭正在城市持续蔓延的火灾。之后你应该把目光聚焦到搜救伤者上来。

2. *你的通信联络方案是什么？*搜救工作需要各方协同进行，确保每一名生还者都会被找到，都能得到救治。其他城市的一线救援人员，你市的一线救援人员以及军队之间为协同搜救工作而进行的通信将会很重要。

3. *还会出现其他哪些问题?* 你必须对如何才能有效地把各方的搜救工作协同到一起进行监测。医疗设施很容易就会超负荷运转，医疗物资也会很快分发一空。

灾害第九阶段

市政厅和商会现在被临时借做医疗中心使用。军方正在搭建临时住房并尽可能多地铲除残骸。此外，如果时机允许，你也应该把伤员疏散至附近城市。但不幸的是，蒸汽机船高空飞鸟号（SS High Flyer，停泊在伟大营地号旁边）也着起了火，其船上装载着大量的硝酸铵和硫磺（Moore Memorial Public Library，2007）。该船船员现已弃船逃离。

1. *你打算如何应对蒸汽机船高空飞鸟号的火灾?* 如有可能，应该把船移走。如果一线救援人员有阻火化学试剂，应该向船只泼洒这些试剂。

2. *港内还有哪些应该立即化解的危险?* 如果蒸汽机船高空飞鸟号附近有其他船只，应该让这些船只立即驶离事故区域，重新确定停泊位置。

灾害第十阶段

4 月 17 日凌晨 1 点 10 分，蒸汽机船高空飞鸟号发生爆炸，造成两人死亡，另外导致蒸汽机船威尔逊·基恩号（SS Wilson B. Keene）沉没。你现在知道爆炸和爆炸后的火灾造成的死亡人数在 500~600 之间，而造成受伤的人数则有数千（Moore Memorial Public Library，2007）。

1. *你的行动方案是什么?* 行动方案应该要求把仍在港口内的所有人员和船只疏散出港。搜寻尸体和修复那些可以帮助一线救援人员扑灭火灾，或是阻止结构受损建筑倒塌的基础设施，是你从现在起应该开始关注的事情。

2. *此时你需要哪些资源?* 你可能会考虑让工程师来检测受到爆炸冲击的建筑物是否安全。此外，预计将会需要病理学家来辨认尸体，遇难者家属也需要予以通知。

3. *你应该向哪些机构寻求帮助?* 你应该联系美国红十字会和州长办公室，要求它们提供援助来清理受灾区域。

实例分析引申出的主要问题

从这一实例应该归纳出的主要观点涉及用适当的规则规范来阻止灾害发生的问题。尽管或许我们并不能阻止在一只船上发生火灾，但是想要限制住火灾对一只船造成的破坏却是有可能的。在得克萨斯市的事故中,最初发生的爆炸让基础设施或被损毁或受损害，人员大量伤亡，并引起了其他满载化学品的船只也发生大火，这些都让整场灾害变得愈发严重。所以理应让管理者们引起注意，与某些工业部门打交道，应该准备好有效的规则规章按要求对它们进行常规性的检查。

这些事故船只的甲板上都放有不稳定的化学品，本来不应该允许这些船只彼此临近停泊，应该在其完成装货或卸货之前把它们与港口设施隔离开来。人们允许这些船只的位置相互临近，而当蒸汽机船伟大营地号发生火灾并爆炸后，正是紧密的船间距离让火灾得以蔓延到其他满载化学品货物的船只。像船这样的装载设施应该远离港口其他设施，因为一旦其发生火灾或是爆炸就有可能置港口其他设施于危险之中。

三艘船只在事故中沉没，大量人员在接连发生的火灾和爆炸中伤亡。在灾害中，该市损失了整整一队经受过完善训练的消防人员，人员上的不足需要数年的时间才能弥补上。在这些人员的空缺得到弥补之前，该市不得不更多地依靠外界的帮助来应对发生在自己城市内的火灾。此外，修复受损的基础设施以及回收受损和被毁船只，保持港口畅通，让其他船只可以重新使用停泊区等，这些事项也都需要有额外的开支来支撑。

补充说明

在得克萨斯市货轮爆炸事故中，发现的遇难者遗体由 150 多位殡葬人员负责照料，连牙科的学生也被叫来帮助他们辨别尸体（Moore Memorial Public Library，2007）。

1989 年美国阿拉斯加州埃克森 · 瓦尔迪兹号（Exxon Valdez）油轮漏油事故

灾害第一阶段

现在你的身份是美国西海岸一州级机构的领导者。3 月 24 日，一艘名为埃克森 · 瓦尔迪兹号的油轮在威廉王子湾（Prince William Sound）搁浅。事故造成油轮泄漏到栖息有多种动物和水生生物的威廉王子湾的原油达 4200 万公升（Andres，1997）。

1. *你的行动方案是什么？*第一步应该先通知美国海岸警卫队，让其检验是否可以对原油溢出进行干预，控制住原油泄漏。然后你应该马上命令埃克森公司对该油轮进行事故调查并且要控制住还没有泄漏出去的原油。州野生动物工作人员也要即刻派往受灾区域，尽力保护好本土野生动物。对于那些已经沾染有原油的动物或鸟类，则需要野生动物工作人员尽可能地帮它们把原油清理干净。

2. *你的通信联络方案是什么？*你要联系兽医并要求志愿者去帮助受到溢出原油影响的野生动物。你也应该联系其他州的官员和联邦官员，用从他们那里获取的资源尽可能控制住原油溢出。

灾害第二阶段

油轮周边 8 英里的范围内都漂浮着油污，长达 1300 英里的海岸线现在遭到污染，还有大量的野生动物身上沾满了原油。这次环境灾害的严重程度可以说是史无前例的。此时美国海岸警卫队、环保人士以及应急工人都没有办法控制住或是燃烧掉这些原油（BBC，1989）。

1. *你的行动方案是什么？* 唯一可以采取的行动就是修复油轮破裂的油舱，阻止其泄漏出更多的原油，并试图疏散受原油污染区域的野生动物。

2. *你的通信联络方案是什么？* 呼吁志愿者和非营利性团体提供帮助或许可以帮助净化受污染区域，清理干净野生动物身上油污工作的一臂之力。你需要密切监视情况的发展，注意浮油可能沿海岸线朝哪些地方扩散。灾害的严重程度，现在需要的资源种类，各方为控制原油泄漏各自取得的进展都要实时通报给联邦、州和地方的官员。

实例分析引申出的主要问题

在工业安全标准还不够理想的情况下，地方管理者很不幸，他们面对这些工业事故无计可施。但是一些政府机构对船运享有管辖权，可以拦下那些运输具有潜在危险性的货物的船只，对船上船员进行抽查，检查他们是否还清醒。地方管理者可以通过与这些政府机构密切合作，来把可预见的生态灾害发生的可能性降到最低。他们也可以不让运输危险品的船只在野生动物保护区和栖息地附近行驶。

管理者号召用来应对危机的资源完全不够应付发生的灾害。埃克森・瓦尔迪兹号油轮泄漏事故导致 250000 只鸟禽、3000 只海獭、250 只白头海雕以及 22 只虎鲸死亡（BBC，1989）。此外，溢出的原油也对环境造成了大量的破坏，而遭到破坏的环境反过来又对商业捕鱼、海洋娱乐项目以及旅游业产生了消极影响（Schure，2010）。

补充说明

埃克森公司被责令赔偿 45 亿美元来弥补其对环境造成的破坏（BBC，1989）。

1981 年美国堪萨斯城凯悦摄政酒店走道坍塌事故

灾害第一阶段

现在你的身份是一大型都会城市的条例执行机构的负责人。最近肯珀球馆（Kemper Arena）屋顶坍塌一事让你倍感压力，所幸事故发生时没有人员在场。

1. *你的行动方案是什么？* 行动方案首先应该检查在条例实施过程中存有哪些失当步

骤，让这样一栋设计并不合理的建筑得以通过条例的验收。你也要检查那些对肯珀球馆屋顶能通过条例检验起到推动作用的涉事工作人员，并调查涉事检查人员的受训程度和专业资质，这些也是很重要的问题。最后，你还要开展全部门检查，确保所有在条例执行部门工作的工作人员都拥有专业的资质，都受过正规的培训。

2. *为确保安全条例得以实施，你应该利用哪些资源？*应该发挥所有负责条例实施工作的警察和工作人员的外部审查作用，确保该部门符合城市向其进行重要委托的初衷。还应该对该部门的资金来源进行检查，确保支持部门各项工作的资金来源正当且数量充足。如果待查项目过多而人手不足，就会有平时通不过检查的项目这时候可以通过检查的潜在危险。

3. *你的通信联络方案是什么？*你应该与你所在的部门进行沟通，采用更加严格的方法来检查建筑工程项目。你也要联系城市里从事工程项目的承包商和建筑师，告诉他们条例实施工作将会增强工作力度，没有通过严格审查的工程项目将不被允许继续进行施工。

灾害第二阶段

有一家新近竣工的酒店有40层楼高，其在中庭上方设有多条悬空走道。你的办公室刚刚完成对其建筑的检查工作。7月17日上午9点，你接到电话，这个酒店的好几处悬空走道在举办茶话舞会时突然发生坍塌，坠落到了地面，多人在事故中伤亡（Martin，1999）。

1. *你的行动方案是什么？*你应该马上进行外部监察，并与该工程项目的工作人员会面。由于这次事故的问题可能不是出在设计疏漏上而是出现建筑结构上，在采取进一步的行动之前，你需要汇总所有你能找到的相关信息。

2. *为确保安全条例得以实施，你应该利用哪些资源？*根据调查结果，你所在的部门可能需要更多的检查人员，或是专业技能更加娴熟的条例执行人员。此外，可能需要出台政策法规来杜绝以后再次发生此类事故。

3. *你的通信联络方案是什么？*有关事故调查的结果和你所在部门工作人员与该酒店承建公司之间的牵连，你应该实时把这些情况通报给城市经理及其助理。

灾害第三阶段

由建筑结构坍塌引发的此次事故导致114人遇难，200人受伤。事故发生4天之后，地方媒体发现酒店在施工过程中，对悬空走道的设计方案进行了更改。事实证明即便是其最初的设计方案也并不符合城市的建筑条例，建筑师设计的建筑结构只能支撑起要求最小承重量60%的重量。而更改后的设计方案更是只能担负起规定要求重量的30%

（Martin，1999）。

1. *你的行动方案是什么？*现在你知道问题确实是出在设计缺陷上。你需要对你的工作人员进行调查，搞清其没有查出问题就让设计方案通过的来龙去脉。由于你的办公室对该设计方案的通过负有责任，你很有可能会被要求引咎辞职。

2. *为确保安全条例得以实施，你应该利用哪些资源？*如果还没有启动检查任务，那么现在要对最近所有的建筑项目进行检查，也要对现行的政策法规和工作人员进行检查。

3. *你的通信联络方案是什么？*你需要就调查进展实时向城市管理者进行通报，并再次向公众保证，建筑施工安全条例在以后的工程项目中将会得到严格的执行。

实例分析引申出的主要问题

有政策法规的支撑固然重要，但是对于管理者来说更重要的是，要记住城市也需要建立起一套完善的运营程序，来确保安全条例能够在立项施工的各个项目中得到落实。这一研究实例显然缺少能够保证建筑条例在工程设计或是工程施工阶段得以实施的机制。所以说建筑公司或施工单位要是缺少了检查或是制衡它们的力量，也就无法确保它们实际上是不是真的遵守了现有的建筑条例。

密苏里州建筑师委员会，职业工程师委员会以及土地调查员过失委员会均认定负责该项目的工程师负有罪责。经过多次裁判和民事诉讼，受害者家属总共得到了1.4亿美元的赔偿（Dubill，2011）。

补充说明

得克萨斯农工大学（Texas A&M University）的哲学系和机械工程系把堪萨斯市凯悦摄政酒店走道坍塌事故这一案例引入到了他们的工程伦理学课程中（德克萨斯农工大学，2009）。

2007年美国明尼苏达州桥梁垮塌事故

灾害第一阶段

现在你的身份是一座北方城市的消防队长。8月1日，一横跨城市主要河流，连通两岸交通的大型桥梁发生了垮塌事故（Wald，2008）。

1. *你的行动方案是什么？*应对紧急事件的第一步应该是阻止道路上所有现行车辆继续向前行驶，并分流其他车辆远离事故区域，使应急车辆进入事故现场变得更加容易。然后，你应该尽快调动搜救队伍搜寻载有生还者的车辆。最后，你应该对伤员进行检伤分类，帮助医疗人员判断哪些伤员应该优先送往医院进行救治，哪些伤员可以在现场进行治疗。如果不进行检伤分类同时把所有伤员都送向医疗机构，那么医疗机构就会有超负荷运转之忧。

2. *你需要动用哪些资源？*你应该动用各种可以用来提拉重物的设备和救治伤员所需要的医疗人员。还应该尽快把所有可供派遣的消防人员和配有水下呼吸设备（SCUBA）训练有素的潜水员调动到事故现场。深水搜救等活动需要潜水员在水下进行。

3. *你需要联系其他哪些组织机构寻求援助？*你应该寻求其他组织机构在一线救援人员上能为你提供人力援助（比如公安部门，治安警局等）。此外，你也应该考虑从土木工程师那里获得他们的援助。救援人员可能需要移动或切割部分桥梁来救出受害者，而救援人员对桥梁进行处理时的安全，可能就需要土木工程师来提供保障。

灾害第二阶段

救援人员围绕垮塌桥梁和桥下水面紧锣密鼓的开展搜救工作，已发现有多人伤亡（Keen，2007）。

1. *你将如何确保救援人员的安全？*你应该极为关心可能再次发生垮塌的残存桥梁部分。如果桥梁再次发生垮塌，不仅会危及到一线救援人员的生命安全，而且也会使仍然困在车内或是埋在瓦砾下的受害者的境遇愈发危险。尽管争取救援时间非常重要，但也要保持理智先想好救援措施，在土木工程师的监督下，用准备好的合适的重型设备来处理桥梁的残存部分。此外，一线救援人员如果受伤，应有医疗人员在现场为他们进行医治，并且应为他们配有适当的安全装备（比如头盔，钢头工作靴），且让他们一直有可以使用的饮用水源。

2. *救援现场需要哪些额外的资源？*你可能想用驳船来帮助人们把残骸运出事故现场，让一线救援人员实施起搜救策略变得更加快速高效。

3. *你应对医疗需求增加的方案是什么？*你需要联络区域中的其他医院，并最大限度地使用航行范围和速度都要优于陆上交通的空中救援队（比如医疗直升机）。使用直升机运载伤员，可以将伤员以相对较快的方式运抵那些有能力收治即将入院的伤者的医院。

灾害第三阶段

桥梁发生垮塌时许多车辆和受害者都被困在了混凝土之下或是水中，但此时已经没有希望还能找到生还者。

1. *此时你要让救援人员关注哪些事项？*救援任务需由搜救工作转变为恢复工作。你应该让一线救援人员花时间用上所有现有的安全措施，来确保他们能够在一个尽可能安全的环境中从事恢复工作。

2. *现在需要各类的资源，在这一阶段你需要关注哪些方面的资源？* 重物提拉设备，运输金属和混凝土的卡车和驳船在现阶段将会变得愈发重要。你也需要存尸袋来保存遗体，并要在太平间四周保持警戒，好让接下来的遗体确认和通知家属工作可以进行。

3. *此时你如何保持救援人员的士气和身体健康？* 你需要确保按时轮换事故现场的救援人员。如果救援人员不能得到休息，就会出现失误，更严重的还会伤及一线救援人员自身。

实例分析引申出的主要问题

对于现有建筑结构的改造工程，人们需要有相应的重要基础设施评估机制来对其进行约束。政府管理人员应确保该机制已准备就绪，可以发挥约束作用。事故桥梁始建于1967年，在发生垮塌前经过多次改造（CNN U.S.，2008）。在桥梁改造中，最初的设计是否支持增加桥梁的自身重量，是否允许增加桥梁每天承载的车辆数量，就这两个问题工程师本应是对其进行评估，并把评估结果纳入桥梁整修方案之中的。桥梁之所以垮塌是因为其使用的节点板厚度只有要求承重厚度的一半（CNN U.S.，2008）。美国明尼苏达州桥梁垮塌事故造成13人死亡，145人受伤（Roy，2008）。

补充说明

美国机器人技术公司（USR Corporation）下属的工程公司因对2007年垮塌事故发生前的桥梁检查工作负有责任，于2010年被判支付事故受害者5240万美元的赔偿金额（CNN，2010）。

2003年美国东北部大停电

灾害第一阶段

现在你的身份是一名美国国土安全部的相关负责人。8月14日下午4时20分，你接到了美国整个东部沿海地区的电网停止工作的报告，有5000万人因此失去了电力供应（CBS News Online，2003）。

1. *你的行动方案是什么？* 你需要找出供电发生中断的原因，判断是不是有人故意为之。如果电网确遭蓄意破坏，那么接下来你应该启动调查程序，全面调查事故起因和涉事罪犯，并需汇集起更多的资源来确定这次针对电力供应的攻击事件有没有可能实际上只是袭击其他目标的先声。如果供电中断纯属意外，那么接下来你应该努力为停电地区找寻资源，缓解电力的不足（比如说便携式发电机，水等等）。此外，你还需要准备好其他的资源用以保护某些基础设施，使其免受犯罪分子或恐怖分子针对性的攻击。

2. *你的通信联络方案是什么？* 供电中断可能已经造成了州政府当局和各地方当局的日常运营出现了问题，就此你应该与联邦紧急事件管理局、州政府当局和地方政府当局的负责人员保持密切联系。另外，你也应该与其他联邦官员保持联络，共同商讨动用某些军事资产来援助开展监测活动 [比如说机载预警和控制系统（Airborne Early Warning & Control System）] 的事宜。

3. *此时你主要关心哪些事务？* 电网停止运转造成许多区域不堪一击，它们仅能靠非常有限的资源来保护地域辽阔的区域的安全。你应该对犯罪活动或恐怖袭击可能在此时乘虚而入保持警惕。

灾害第二阶段

你现在获悉到东湖第一能源发电站（First Energy's East Lake Plant）出人意料地停止了工作，沿东海岸的整个区域都因此断电。今天是 8 月 15 日，人们这时的电力储备很少（CBS News Online，2003）。

1. *对于那些仍然无电可用的组织实体，你的行动方案是什么？* 对于那些需要安全保障却依然断电的组织机构，你应该着重考虑向它们输送用以修复安全漏洞的组织资产，直至电网得到恢复并重新运行。对于那些被认定为具有高价值的组织机构，可能你还会考虑要不要向它们输送或是租借便携式发电机。

2. *哪些靠电力维持运行的领域是你应该关心的？* 会遭到破坏的领域，或者有重要资产会遭到偷窃并为他人所用的领域是你所应该关心的。比如说某些制造厂和关键的交通枢纽。

灾害第三阶段

今天是 8 月 16 日，区域中某些地区的居民仍然无电可用（CBS News Online，2003）。

1. *为了让重要的运营领域有电可用，你的方案是什么？* 你应该考虑是否有可能从国家的其他区域向这些具有高级别安全要求的地点调拨供电。而对于仍然在断电的区域，你可以派专人看守某些设备以防蓄意破坏，也可以在电力安全与警报系统中增派便携式发电机增加发电量。

2. *下次发生这种级别的停电事故时，你的减灾应对方案是什么？* 你应该制定出的方案实际上就是把国家其他有电区域的电力补给到断电区域。如果此方案不能实现，那么你应该考虑在区域重新实现供电之前预置可供某些设备临时使用的便携式发电机。

实例分析引申出的主要问题

是否允许重要的基础设施产业自行管理它们的标准落实事项，对此管理者应持小心谨慎的态度。这一实例暴露出的最严重的问题之一，就是管理人员缺少对公用事业领域各公司标准的监督（Minkel，2008）。此外，管理者也应该制定有用来应对意外情况的可行方案，即便基础设施停止工作，通过方案也可以迅速找到新的供电资源。严重网络攻击造成的影响可以与这次停电事故进行类比。网络攻击会造成信息技术基础设施和公用网络陷于瘫痪，而为避免这些情况发生，就要投入充足的资源用以提高保护网络安全的能力和信息技术的水平，并提供一系列可靠的备用支持系统来应对紧急事件的发生。

2003 年发生的大规模停电事故是由人为失误和公用事业公司长年疏于更新发电设备造成的（Minkel，2008）。要是管理者没有落实相关标准或是强制要求更新设备，在相互关联的广大区域发生停电事故的可能性就会急剧增加。这次停电事故造成了 11 人死亡，经济损失估计达 60 亿美元，并且有 5000 万人无电可用（Minkel，2008）。

补充说明

美国东北部大停电是美国历史上规模最大的停电事故（2009）（CBS News Online，2003）。2005 年出台的《能源政策法案（2005）》（Energy Policy Act of 2005）为联邦能源管理委员会（Federal Energy Regulatory Commission）监督公用事业公司，确保其满足最低限度的可靠性标准，确立了监督标准和政策规定。

第三部分　恐怖袭击和犯罪活动

第9章

恐怖袭击和犯罪活动致灾实例分析——爆炸事件

1886年美国芝加哥干草市场广场（Haymarket Square）爆炸事件

灾害第一阶段

现在你的身份是美国中西部一座大型城市的警察局长。今天是5月1日，有一部新法律即将生效，你对此十分关注，因为该法律规定了所有工人的工作时间最长不得超过8小时（CBS Chicago. com，2011）。你知道有些派别对于将于5月1日在你市举行的支持工人集会持反对意见（CBS Chicago. com，2011）。你预计届时的活动会加剧不同派别之间的愤怒情绪（H2g2，2001）。

1. *你的行动方案是什么？* 你应该采取的第一步行动是搜集情报，掌握有哪些人将会参加支持工人集会，并对届时现场会出现多少反对者做出估计。这种情况潜在蕴含着不稳定的因素，因此，收集到尽可能多的相关信息对你来说很重要，这会帮助你在5月1日来临前获得适当的资源。

2. *你的通信联络方案是什么？* 在这一阶段，你要联系上级城市管理机构以及州一级和联邦一级法律执行机构，通知他们在5月1日会有出现潜在威胁的迹象，这很是重要。此外，你应该找到其他机构和部门签订互助协议以增强公安部门的能力。

3. *你考虑动用哪些资源？* 基于搜集到的情报信息，你应该谨慎行事，召集所有警员以及消防人员和医疗人员来应对5月1日的集会。此外，警员应配有防爆设备以及用于创建临时管制空间的可移动护栏。你还应该联络消防部门，在发生紧急事件时借助其灭火水龙带冲散冲突人群。

4. *在集会举行之前，你应该与其他哪些政治势力或民间力量进行协作配合？* 你应该试着联络届时会出现在会场的两派势力，为化解可能出现的暴力事件努力斡旋。你还应该事先警告会场两派势力的领袖，暴力行为将不会被容忍。如有暴力行为发生，两派领袖与其做出任何煽动暴乱气焰举动的追随者都会被警方逮捕。

灾害第二阶段

根据事后做出的最后统计，有数以千计的人参加了这次集会，而领导他们的人是一个无政府主义者。当前情况愈发紧迫，你对其剑拔弩张会达到何种程度感到极为不安，特别是现在你又听到工人正在全国范围内开展罢工（H2g2，2001）。

1. *你的行动方案是什么？* 你应该调动部署公安和消防人员，并让他们带上所有的防爆设备。此外，如果有可以提供警员的其他机构，则应立即调度这些支持资源协助城市公安和消防部门的工作。灭火水龙带也应该置于水压足以冲散形成的暴乱人群的位置。

2. *你的通信联络方案是什么？* 公安部门需要与所有从其他地区介入支持其工作的外部机构人员和消防部门进行协作，因为发生暴乱时可能需要使用由他们操控的灭火水龙带。你还应该向地方城市的政府和城市管理者实时通报事件的进展情况。

灾害第三阶段

5 月 3 日，在麦考密克收割机械公司（McCormick Harvesting Machine Co.）的工厂发生了派系冲突，冲突双发是在其公司外负责纠察工作的罢工工人和试图穿过纠察线破坏罢工的人员，你被迫派遣警力前往事发地点（H2g2，2001）。在混战冲突得到制止前，有 4 人被你的警员杀害，数人受伤（McCabe，2009）。警方的所作所为已经激怒了地方市民。你意识到现在与警员的人数相比，聚集而来的工人人数变得愈来愈多（Arvich，1984）。

1. *你的行动方案是什么？* 面对现在这种情况，警方有两种选择，一是警方继续派遣配有防爆设备和用来冲散人群的灭火水龙带的增援力量，一是警方暂时从事发地点撤出，直至事态得到缓和。你应该立即启动有关抗议者死伤问题的调查程序，查明警方在采取射杀行动时是否有正当理由。此外，对于可能会成为另一次抗议活动或暴乱发生地的其他工业区的基础设施和重要资产也要明智地予以保护。

2. *你的通信联络方案是什么？* 由于已有 4 人死于警方之手，你需要做的重要事情一是通过与涉事双方协商来缓和紧张的情况，二是向公众发出通告，针对冲突中伤亡人员的调查程序已经启动。你还应该实时向地方官员和管理者通报暴乱情况以及你部对于抗议者下一步可能采取哪些行动的估测。

3. *你该如何让你所在地区的政治家参与到平息暴乱中来？* 让当地政治家参与到平息暴乱中来是明智的办法，看看他们是否可以与地方市民对话沟通，缓解紧张局势。

灾害第四阶段

该地的无政府主义者在该市最繁忙的工业中心干草市场广场召集群众集会，并在会上针对警方射杀无辜工人一事发表了非常具有煽动性的言论（Arvich，1984）。警方和工人之间的对峙局面变得愈发严峻。

1. *你的行动方案是什么？* 形势紧迫，你需要向位于干草市场广场的集会地点调度部署尽可能多的人力和资源。所有接受调度的人员都应配有防暴设备，并应向集会现场调配尽可能多的用以管控人群的设备。如果集会领袖开始煽动抗议群众，警方应对其进行逮捕并拘押，直到抗议群众的情绪得到平复为止。

2. *你的通信联络方案是什么？* 通信联络方案的内容应该包括与抗议领袖会面，并提前向其声明警方不会容忍出现暴力活动。你应该联络各地方社区的领导人，建议他们在其各自可以施加影响的区域鼓励当地居民留在家中不去参加集会。你也应该与城市管理者们进行沟通，就现在的形势向他们提出建议。

灾害第五阶段

多名警员全程监督集会示威过程，但由于警方无法一直忍受集会示威，警方开始将警员组成人墙向集会人群逼近以期驱散人群。此时从人群中投掷出了一颗炸弹，炸弹爆炸致使一名警员殉职，对此警方做出的反应是向示威人群开火（Arvich，1984）。

1. *你的行动方案是什么？* 警方的介入引发了集体暴力事件。如果警方只是单纯监督集会，有事态发生时再从中介入，可能就可以避免发生暴乱和随之产生的暴力活动。但是，既然警方已然介入，形势也已然显著恶化，那么这就会迫使公安管理部门做出许多强硬的决定。如果有水龙带可以使用，你应该使用它们来驱散人群。如果有骑马警员可供差遣，你应该调配他们为应对已经开始威胁警员生命安全的暴乱提供警力支持。医疗一线救援人员也应被立即派往事发现场来救助暴乱中的伤员。

2. *你的通信联络方案是什么？* 要避免警方做出比其之前行动更加出格，使情况进一步失控的举动，这是你应该关注的重点。警方的指挥人员需要与他们的下级进行联络，要求各级警员遵守出警纪律。想要让抗议者平静离开事发区域回到家中也需要沟通交流上的指引。你需要向公众传递出这样一条信息，只要暴力活动不消失，逮捕行动就不会停止。

灾害第六阶段

现在已经发生的暴乱导致 60 多名警员受伤，7 名警员殉职，4 名工人遇难，而暴乱中受伤的工人人数则难以计数（Arvich，1984）。

1. *你的行动方案是什么？* 你需要派遣医疗团队前往事发现场救治伤员。如果警方有增援力量可以使用，且抗议人群仍然具有威胁性，则应立即派遣援军携带防暴设备对抗议人群进行控制，并对正在试图疏散伤员的医疗团队进行掩护。再者，此时需要采取逮捕行动来控制局势。你应该派遣侦探让他们开始收集有关抗议者和警员被害的证据。

2. *你将如何缓和社区的愤怒情绪？* 你需要打消社区的疑虑，让它们相信局势处在当地政府的控制之中。所以，控制住干草市场广场，确保集会人群完全被驱散就变得非常重要。你应该要求社区领导人和城市管理者与公众对话以缓解他们的愤怒情绪。

实例分析引申出的主要问题

这一实例向我们描绘了，在面对大型群众抗议集会时，让其迅速倒向暴力一面的错误做法。如果知道有大量示威者具有潜在的暴力性，管理者需要确保手头有充足的人力和资源可以作为应对抗议人群的非暴力力量。此外，只要不轨者一开始煽动人群施以暴力，就立即将这些带头煽动的人拘押起来，这一做法实为明智之举。

警方有一个问题在这起暴乱中暴露无遗，那就是警方无法召集到充足的人力来控制住数以千计的抗议人群。警方动用致命的暴力手段只会起到进一步刺激人群的作用，这一手段还导致了警员队伍遭到投掷炸弹的攻击。在现代社会，人们本来可以使用驱散人群成功率更高的其他资源（比如灭火水龙带、胡椒喷雾等）。有 8 名被认为对干草市场广场发生爆炸和暴乱事件负有责任的人遭到警方逮捕，其中 7 名被告人随后被判有罪，罪犯中 5 人被处以死刑（Naden，1968）。

补充说明

芝加哥警察局长之后被判犯有受贿罪（Arvich，1984）。

1920 年美国华尔街爆炸事件

灾害第一阶段

现在你的身份是美国东海岸一座大型都会城市的警察局长。9 月 16 日中午，有警员注意到有一辆四轮马车停在了作为金融区最繁忙的一角之一的摩根大通股份有限公司（J.P.Morgan Inc.）银行总部前的街道上面（Barron，2003）。另外人们在附近信箱内发现了一张字条，字条上警告说如果不释放所有政治犯的话就会有人遇害。这张字条的署名为美国无政府主义的斗士们（American Anarchist Fighters）（Manning，2006）。

1. *就这辆四轮马车，你要告诉你的警员要做些什么？* 你需要告诉你的警员对四轮马车周边区域进行封锁，不要让任何地方的人靠近它。对于那些处于可能会受到马车内炸弹爆炸波及区域内的建筑物，你需要告诉你的警员要对这些建筑内的人群进行疏散。

2. *你将如何保护金融区内公众的安全？* 在危险区域被警方封锁后，你应该派遣拆弹小组前往现场调查可疑马车是否真的具有危险性，是否有炸弹载在车里面。如果拆弹小组可以拆除炸弹或是在炸弹不发生爆炸的情况下移开马车，那么他们的行动就会阻止炸弹爆炸造成的人员伤亡以及对城市的破坏。

3. *你针对警员的通信联络方案是什么？* 你的警员需要对各种可疑活动或可疑目标保持警惕。如果这辆四轮马车停在这里真的是一个犯罪或恐怖组织有意为之的话，那么可以对公众施展的犯罪活动可能就不仅仅只是这么一处威胁了。

4. *你针对公众的通信联络方案是什么？* 你需要告诉公众要对可疑活动保持警惕，如有发现，要立即向公安部门报告。此外，你需要告之公众暂时不要前往金融区。

灾害第二阶段

过了很短一段时间，马车发生了爆炸，炸药和弹片四溅（Gross，2001）。马车爆炸造成了 38 人遇难，另有 400 人受伤（Ivry，2007）以及 200 多万美元的财产损失（Barron，2003）。

1. *你的行动方案是什么？* 你的行动方案应该让医疗人员赶往爆炸现场救助已经负伤的伤员。此外，你需要让警方调查人员封锁爆炸现场，开始收集犯罪活动的证据，以期逮捕罪犯，而这些证据也有可能在不久以后用来指控有被捕前科的罪犯。你应该召集结构工程师对建筑受损程度进行评估，确保受到爆炸影响的建筑物可以安全使用。如果建筑物无法安全使用，那么在它们得到修缮，变得安全无忧之前，需要暂时宣布这些建筑物不宜进入。

2. *你的通信联络方案是什么？* 你需要让公众消除疑虑，告诉他们你已经采取了所有可以采取的行动来确保公众的安全。你需要实时向你市的城市经理通告发生的各类事件，并确保你的警员对可能发生的新的可疑活动保持警惕。

灾害第三阶段

开始有谣传称附近还安放有另一枚炸弹，公众因此开始陷入恐慌（Manning，2006）。

1. *你的行动方案是什么？* 此时可以进行的唯一行动就是加大巡逻的力度，让公众感觉到局面是在警方控制之中的。此外，如有需要，你可以召集你可能拥有的预备役人员，来缓解为了应对当前形势而可能出现的人力上的不足。

2. *你的通信联络方案是什么？* 由于没有再出现让你有所注意的威胁，你需要让公众安心，告诉他们谣传是没有根据的，公安部门实际上正在密切留意会引起恐怖活动或犯罪活动的可疑活动或个人。

实例分析引申出的主要问题

无论可能性有多么微小，管理者都应该留心另一处起爆装置，制定出从区域中有效疏散的方案。拆弹小组应被派往事发区域排除威胁。这一实例中的最大败笔就是没有对该区域进行及时的疏散。华尔街爆炸案造成大量人员伤亡和由爆炸所致的财产损失。

补充说明

1920 年美国华尔街爆炸事件发生后并没有人被逮捕，也没有罪犯被起诉。警方怀疑是无政府主义者安置的这枚炸弹，但是又没有经得起推敲的猜测或证言可以让某一组织对这起罪行负责（Barron，2003）。

1933 年美国波音 247 型客机爆炸事件

灾害第一阶段

现在你的身份是美国商务部航空办公室的一名官员。[1] 你任职的领域在联邦政府中属于一个相对较新的责任领域。预防商业航班发生事故，对商业航班发生的紧急事件做出反应等事宜均由你来负责。10 月 10 日，你和你的职员们刚刚收到消息称一架商业飞机在晚上 9 点 15 分于印第安纳州坠毁（Plane Crash Info，2007）。

1. *你的行动方案是什么？* 首先，你应该组织搜救，寻找可能幸存的生还者。搜救作业需要汇集设备和人员等资源。此外，你需要有能致力于救治可能幸存的生还者的医疗物资和人员。

2. *你需要有哪些机构合作，你又如何与机构和大众进行联系？* 身为联邦政府的代表，能帮助你开展搜救作业，为事后调查保护好坠机现场的州和地方官员都是你需要合作的对象。

灾害第二阶段

你和你的团队抵达飞机失事现场，查明如下事实：飞机属美国联合航空公司（United Airlines）航班，机上有乘务员与乘客共 7 人。所有乘务员和乘客都在这起空难中罹难（Plane Crash Info，2007）。

1. *你的行动方案是什么？* 当前任务已从搜救作业转为寻找飞机失事原因。你需要让你的调查团队开始检查坠机现场，搜集所有可能会为坠机原因提供答案的证据。遇难者遗体确认工作也需要展开，以便随后可以通知遇难者家属。

2. *你的通信联络方案是什么？* 你应该与帮助维持坠机现场安全的州和地方官员时刻保持联系，同时你也要联系联合航空公司的官员，开始调查造成飞机失事的可能原因。

1　美国商务部航空办公室于 1958 年更名为联邦航空局（Federal Aviation Agency）。

基于飞机失事的原因，这次调查将变为犯罪调查，所以你应该向公众实时通报的只能是最为基本的信息。

灾害第三阶段

通过对飞机残骸的调查，你和你的团队有了一个惊人的发现，经确认为硝化甘油的化学物质引爆了飞机的行李舱（Plane Crash Info，2007）。

1. *你的行动方案是什么？* 调查工作现在有了新的关注点——查明该由哪方或是哪几方对在飞机上安置爆炸物负责，同时采取安全措施预防类似爆炸事故再次发生。

2. *为执行和完成调查任务，你需要哪些资源？* 你需要与联邦、州和地方各级法律执行机关进行合作，共同开展调查工作，找出造成7人遇难的肇事者。

3. *为防止今后类似事件再次发生，有哪些其他问题需要解决？* 联邦航空局（FAA）将需要在乘客登机、维修人员维护飞机，以及对商业航班的行李货物进行适当检查等方面提升机场的安全程序级别。

实例分析引申出的主要问题

执行安全程序对于确保航线乘客和乘务人员的安全至关重要。管理者必须对易受攻击目标进行常规性风险评估，来确保安全措施不落交通运输业最近的威胁之后。这一研究实例说明，不对行李进行适当的爆炸装置检测所具有的危险性，其后果是灾难性的。同样的危险至今仍然存在，就像我们所知的在洛克比（Lockerbie）发生的泛美航空（Pam Am Flight）103次航班爆炸事件中，爆炸装置也被运上了这趟班机（BBC News，2001）。

补充说明

1933年美国波音247型客机爆炸事件是首次被记录下来的空中蓄意破坏事件。爆炸也造成了第一例航班空乘人员的遇难（Deepthi，2007）。

1993年美国世界贸易中心爆炸事件

灾害第一阶段

现在你的身份是美国一大型都会城市的警察局长。2月26日，发生的一次爆炸撼动了位于你市的该国体量最大的商业建筑（FBI，2008）。

1. *你的第一步行动步骤是什么？* 警察局长需要查明现有哪些资源可以输往事发区域，也需要优先考虑人流管控和人群疏散工作。需要迅速确定爆炸原因，根据原因来判断是否应该调遣拆弹小组。如果爆炸是由引爆装置所致，由于人们对是否可能还有其他需要拆除的爆炸物不得而知，则需派遣拆弹小组。

2. *你需要联系哪些组织机构寻求帮助?* 首先,你需要联系市长或是城市经理向他（她）通告当前形势。警察局长需要与城市的其他组织实体协同努力，比如与消防局长、公共工程负责人（如果需要关注输气、输电或供水管线的话）以及医院管理人员共同应对爆炸事件。此外，如果爆炸事件被定性为恐怖袭击或犯罪行为，你也应该联系联邦和州的法律执行机关协同解决事件。

灾害第二阶段

爆炸引发多处发生火灾，烟雾开始在走廊和楼梯井弥漫（FBI，2008）。每天会有10万人来到这一栋建筑与紧邻其右侧的另一栋建筑工作或参观，因此这两栋商业建筑前会形成大量的车流（BBC，1993）。

1. *你的行动方案是什么?* 由于此时你还没有得到有关爆炸原因的信息，所以你应该立即对这一建筑及其周边区域进行疏散。警察局长应该与消防部门进行协作，让各种资源可以得到高效使用，发挥它们的作用。

2. *你的通信联络方案是什么?* 警察局长应该实时向城市官员通报当下正在进行的建筑疏散工作的进展情况。

灾害第三阶段

你的警员报告称爆炸是由汽车炸弹所致。爆炸产生了一个范围为100英尺的弹坑，造成6人遇难，一千多人受伤（FBI，2008）。

1. *此时你所在部门应该关注哪些问题?* 一旦完成建筑物及其周边区域的疏散工作，应该考虑的新问题，就是要确保所有爆炸物都已被拆除，同时周边范围内不存在其他爆炸物。保护收集证据，抓捕汽车炸弹责任人将会是公安部门下一阶段的任务。

2. *你觉得你会需要哪些帮助?* 警察局长需要与州和联邦法律执行机关协同抓捕对爆炸负有责任的罪犯。

3. *你与其他机构之间的通信联络和组织协同方案是什么?* 警察局长需要向其他有可能促使恐怖分子被捕的法律执行机关提供线索。

4. *你与公众之间的通信联络方案是什么?* 警察局长应该就已发生情况的基本信息向公众进行通报，并告之公众调查现在正在开展中，不必担心。此外，警察局长也需要向公众说明除去调查事件，公安部门也会采取措施防止以后再次发生类似袭击事件。

实例分析引申出的主要问题

世界贸易中心成为了恐怖分子所钟爱的袭击目标。这次爆炸事件发生在 2001 年 9 月 11 日针对世贸中心更为致命的恐怖袭击之前。管理者们通过这一次袭击事件要警醒起来，较大的建筑物是会受到汽车炸弹威胁的，大型建筑的疏散方案和程序是需要进行提升的。自身或附近带有大容量停车场的大型建筑很难得到保护。恐怖分子能够驾驶一辆满载炸药的车辆进入世界贸易中心的停车库也突显出了建筑物在安保上的缺陷。一辆像租赁的卡车这样毫不起眼的车辆 [即 1995 年俄克拉荷马城阿尔弗雷德·莫拉联邦大楼（Alfred P. Murrah Federal Building）爆炸事件] 就可以装载足以摧毁一栋中型建筑的炸药。

补充说明

两个恐怖组织团伙因世界贸易中心爆炸案而被逮捕和定罪（FBI，2008）。

1995 年美国俄克拉荷马城爆炸事件

灾害第一阶段

现在你的身份是某一承担应急管控任务的联邦机构的负责人。4 月 19 日，一个卡车炸弹在阿尔弗雷德·莫拉联邦大楼前被引爆，造成建筑严重破损和大量人员伤亡（Michel and Herbeck，2001），你所在机构人员被派往现场执行搜救任务。

1. *你的行动方案是什么？* 对于在建筑中搜救被困于瓦砾之下的受害者，身为负责人，你需要查明你是否有掌握必要搜救技术的搜救人员。一旦查明情况，你需要确保有适宜的物流运输可以将这些搜救人员连同他们的设备一起快速运抵事发现场。

2. *此时你需要哪些资源？* 由于瓦砾数量多、重量大，你需要挖掘和开凿设备以及侦测受害人可能被困位置的搜救犬和其训练员的支持。各类可以用来侦测被困在大量瓦砾之下人员位置的设备，比如探地雷达或是声波接收设备都应被运往事发现场。除去使用的设备，一线救援人员还应配有头盔、钢趾靴和手套。此外，应备有大量饮用水来确保救援人员可以补充水分。

3. *你需要与其他哪些部门或机构协同开展搜救任务？* 你应该与地方消防和公安部门进行协作。此外，你也应该找一找是否有当地公司可以为一线救援人员提供他们可能需要的设备或物资。

灾害第二阶段

当你部抵达现场时，你注意到处都是碎石瓦砾，几乎视线所及各处都有俯倒在地的尸体和伤员。你相信还有更多的人被埋在瓦砾之下，而且其中许多人还依然活着。随着挖掘设备将残骸小心清除，声音侦听设备也被用来寻找生还者，遇难和受伤人数开始增加。

1. *你将如何帮助医疗人员以及如何支配相关资源？* 你所在机构应努力确保清理干净应急车辆前往应急区域的道路，让应急车辆可以快速进出。此外，随着被发现的受害者越来越多，你也应该确立起哪些伤员需要优先治疗的原则，让医疗人员可以选择首先应将哪些伤员送往医院救治。

2. *危机时期你应该要求得到哪些短缺的资源？* 你应该为一线救援人员求得食物、水以及冰块，搜集作业的持续进行需要这些物资的支持。此外，在第一批一线救援人员开始感到疲惫或是精疲力竭的时候，你还需要调集更多的一线救援人员顶替他们的工作。如果一线救援人员的人数有限，那么你应该让他们轮流执行搜救任务。额外的照明和发电设备也是应该得到的，这些设备可以让搜救任务在夜间也可以继续进行。

灾害第三阶段

你部正在寻找的生还者，其中有的四肢不全，有的失血过多，有的烧伤严重，有的伤情惨不忍睹（Michel and Herbeck，2001）。建筑内外都有受害者被发现。莫拉联邦大楼附近的 16 栋建筑都在爆炸中遭到了破坏（Michel and Herbeck，2001）。

1. *你的行动方案是什么？* 一旦完成了对莫拉联邦大楼进行的彻底搜查工作，就应该开始对其周边建筑进行检查寻找是否有伤员在内。各建筑搜查任务完成后就应该着手遗体搜寻和建筑周边道路清理工作。道路畅通才能让更多的重型设备进入事故现场帮助寻找压在大量瓦砾下的遇难者遗体。

2. *你将如何确保你部能够安全有效地发挥作用？* 你应该对搜救人员严格要求，因为每名搜救人员都只有一段设定好的时间来执行搜救任务。此外，你应该确保现场有一名可以解决搜救人员伤病问题的医疗医生。

实例分析引申出的主要问题

就像世界贸易中心发生的灾难，用以攻击建筑物的是一辆满载炸药的卡车。在这一实例中，不仅阿尔弗雷德·莫拉联邦大楼实际上被完全摧毁，其周边数栋建筑也遭到了破坏。由于卡车实际上是在建筑物外面的街道上而不是在受控的停车区里，所以这样的攻击事件很难预防。被恐怖组织或是激进分子视作具有高袭击价值的政府建筑，应该建在远离人口稠密区的地方并且要配有访问政府设施的控制措施。

补充说明

美国俄克拉荷马城阿尔弗雷德·莫拉联邦大楼爆炸事件造成 168 人遇难，另有 509

人受伤（Michel and Herbeck，2001）。爆炸过去后，当地建起了俄克拉荷马国家纪念馆（Oklahoma National Memorial and Museum）。纪念馆为每一名在爆炸中丧生的遇难者都安放了一把空座椅以示纪念（Oklahoma National Memorial and Museum，2011）。

1996 年美国亚特兰大百年奥林匹克公园爆炸事件

灾害第一阶段

某大型国际体育赛事正在一大都会区举行。赛事举办期间的公共安全和治安由你来负责。有多处赛事场地设在公共公园和体育场内，这样一来如果出现恐怖主义的威胁，想要确保数以千计参加各种仪式和观看公共体育赛事的人群的公共安全和赛事治安对你来说难度极大。

1. *为确保体育赛事的治安和安全，你的方案是什么？* 某些场地、设施、场所所需要的安全级别显然要比其他区域更高。在 1972 年慕尼黑奥运会上，以色列运动员就在他们的住处被恐怖分子劫为人质，所以运动员的住处显然需要额外特殊的安全保障，为在奥林匹克运动会中竞技拼搏的所有运动员提供充分的保护。像体育场这样的场所，要在入口处对观众进行检查确保没有武器被携带进场内。露天场地的安保工作将会更为艰巨，需要使用技术手段来协助确保场地的安全。

2. *你需要哪些资源来确保赛事的安全？* 你需要采取严密多样的安全措施，尽可能多地动用警察和安保人员来守卫各个场所和开放区域的安全。在露天区域，可以使用安全摄像作为安保人员的补充。你需要警犬和警犬训练员对场所内的爆炸物进行搜索。当地特殊武器和战术部队（Special Weapons and Tactics，SWAT），公安部门危险材料响应人员和拆弹小组都应时刻待命。对于限制进入的场所，应该安装电子读卡器和安全摄像，降低场所进入闯入者的机会。因为汽车炸弹攻击会造成大量人员伤亡和财产损失，在某些易受其攻击的场所前也应该设置路障。

3. *你与其他机构的协作方案是什么？* 你需要制定一个含有地方、州、联邦三级法律执行队伍和应急反应队伍能发挥其各自作用的方案。你应该指定一人作为协调各组织机构的联络员。此外，如果要进行跨部门间的合作，也应该使用同样的通信设备和程序。

灾害第二阶段

7 月 26 日，百年奥林匹克公园正在举行一场音乐会，预计到晚间活动开始时将会吸引数千名观众。中午 12 时 30 分，一名安全警卫向活动现场的法律执行官员报告，他发现了一个无人看管的绿色背包（Noe，2008）。

1. *你的行动方案是什么？*你需要对公园进行有序疏散。一旦完成对公园的疏散工作，则需立即召集当地公安部门的拆弹小组，并同时要保障公园的安全。

2. *你的通信联络方案是什么？*你需要联络拆弹小组的人员对可疑包裹做出反应，并要命令当地安保人员配合当地公安部门保护设施安全，寻找可疑人员。

3. *你此时应该动用哪些资源？*如果有爆炸物嗅探犬队伍可以使用，应将其派往其他区域搜寻炸弹，因为区域内可能还存在有其他可疑包裹。安保人员应该开始检查公园的安全录像，看一看是否能找到放置包裹的人是谁。

灾害第三阶段

法律执行人员和拆弹小组被叫来处置可疑包裹，他们一来就对区域进行了疏散。一个打来的匿名电话称 30 分钟后将会有一个炸弹在公园爆炸。此外，由于一些人在活动中摄入了大量的酒精，你想让他们离开公园，他们却已经喝多了（Noe，2008）。

1. *你的行动方案是什么？*由于有许多人已经喝醉，所以你应该调集更多的人力来确保所有人都可以得到及时疏散。匿名电话说炸弹将在某一时刻爆炸并不意味着它就不会提前爆炸。作为预防性措施，你也应该叫来医疗团队。

2. *你的通信联络方案是什么？*周围的法律执行组织机构应相互联系，并应向它们实时通报情况进展。你也应该就潜在的问题向地方政府官员通报。

灾害第四阶段

凌晨 1 时 20 分，炸弹发生爆炸，金属碎片四溅。爆炸导致超过 111 人受伤，2 人遇难（其中一人死于逃跑时突发的心脏病）（Noe，2008）。

1. *你将如何应对伤员在医疗上的需求？*许多伤员都是遭到了金属碎片割伤和刺伤，安全和法律执行人员应试图为尽可能多的人提供急救服务。应该建立起优先救治原则，让医疗人员可以把精力集中到最需要医疗帮助的伤员身上。

2. *你将如何确保安全疏散余下的观众？*安全和法律执行人员应该对整个公园进行搜查，确保所有伤员都已被发现和救治，并陪同未受伤者撤离公园。

3. *你将如何确保区域内没有其他的爆炸物存在？*抵达的拆弹小组将需要对区域进行搜查，确保区域内没有其他的爆炸装置。如果有爆炸物嗅探犬队伍可以使用，应该派其前往公园确保不存在其他爆炸物。

实例分析引申出的主要问题

公园作为开放区域，任何人都可以在其中安放各类破坏性装置，而想要对此进行管控却很难。诚如所言，在这一研究实例中，人们本能在举行大型活动前额外采取安全措施，通过这些措施或许就可能实现对区域的控制。在许多体育场馆，包裹检查和金属探测是人们进入场馆时常规使用的安检方法。针对这一特定实例，人们本应设置围栏将整个区域围起，本应设置安全检查站控制公园的出入口。对于备受瞩目的活动（成为恐怖分子或是犯罪活动的目标）或是将有大量人员出席的活动，可移动护栏和临时检查站应该予以安置。

补充说明

亚特兰大百年奥林匹克公园爆炸事件让整个赛事的基调都受到了影响。赛事结束多年之后警方才逮捕到罪犯。实施爆炸犯罪的罪犯名叫艾瑞克·鲁道夫，其在被逮捕后遭到指控，并被判处终身监禁不得假释（Noe，2008）。

第 10 章

犯罪活动或恐怖袭击致灾实例分析——其他恐怖袭击事件

1984 年美国俄勒冈州罗杰尼希教（Rajneeshee）沙门氏菌细菌攻击事件

灾害第一阶段

现在你的身份是某州法律执行机构的负责人。时值九月，你获悉到沙门氏菌在你州西北部大爆发，已致 30 人染病（Ayers，2006）。

1. *你的行动方案是什么？* 身为负责人，你应该立即联系疾病控制中心（Centers for Disease Control，CDC）请求其对疫情进行调查。在沙门氏菌爆发原因得到确认之前，你能做的只是与地方健康检查员进行联系，并要求与沙门氏菌爆发有关的商家在查清原因之前暂时关闭店铺接受调查。

2. *你需要哪些资源？* 需要增派食物和健康检查员彻底调查与沙门氏菌爆发有关的餐馆。如果疫情在人群中传播甚广，你也应该找到医疗救助资源加以应对。

3. *你的通信联络方案是什么？* 作为州法律执行机构的负责人，与其他联邦、州和地方部门保持联系很是重要，各方共同寻找问题的根源所在并调查国内其他地区是否也有同样的问题的发生。你应该与医疗团体保持密切的联系，因为此时谁也不知道沙门氏菌下一次会在哪里爆发，又会需要多少资源来抑制其在州内的爆发。

灾害第二阶段

调查结果让你确信城市多家餐馆发现的沙门氏菌为人为蓄意投放。而在九月底，你得知又发生了另外一起沙门氏菌感染事件，至这起事件发生后大约已有 1000 人在 10 家不同的餐馆就餐时受到沙门氏菌感染。此外，大量新增病例正在涌入医疗设施，为此地方医疗官员担心穷尽他们的资源也难堪重负（Ayers，2006）。

1. *你的行动方案是什么？* 身为负责人，你需要协同地方法律执行机构调查罪犯在餐馆投放传播沙门氏菌的作案方法，并找到此恐怖主义活动的幕后主使。查明作案动机也很重要，这可能会帮到法律执行机构抓捕罪犯。此外，你需要为染上生物毒素的受害者招募医生并获取更多的医疗资源。

2. *你将如何与医疗官员、政治家以及其他法律执行机构进行协作？*身为州法律执行机构负责人，你需要约见各方就事件发生始末阐述自己的观点，并记录下你采取了哪些行动，提供你需要更多支持资源的例证。如果举出的文件记录翔实，管理者得到支持资源的机会就会变得更大，可以让政治家或是其他辖区的管理者提供资源来帮助你控制沙门氏菌爆发的疫情。

灾害第三阶段

疾病控制中心和当地的卫生机构官员正在与你的机构一同寻找沙门氏菌爆发的源头。调查人员已经查明这些餐馆的沙拉吧台都遭到了沙门氏菌的污染。你接到县官员的报告，他们认为食物受到污染是当地一异教组织所为。之前有两名县级官员在参观完该异教组织的活动地点后即染上疾病，症状与这次受沙门氏菌感染的受害者出现的症状相似（Ayers，2006）。

1. *你的行动方案是什么？*你需要获得搜查许可，对该异教组织所在地进行搜查，查明其是否藏有生物毒素或是可以制造生物毒素的实验设备。如果确有发现相关物品，则应逮捕与使用生物毒素毒害公众有关的所有涉事者。实施逮捕后，你应该派出一支调查队伍为检方办公室搜集证据。

2. *为防止公众再次受到其他生物毒素的侵害，你将如何继续保护公众的安全？*在这一研究实例中，此时唯一奏效的解决办法，就是将该邪教组织有可能发动生物攻击的所有教徒都予以逮捕。如果找到了生物毒素，那么法律执行机构可以扣押这些危险品，并努力让邪教徒向调查人员交代其他生物毒素的存放地点。但不幸的是，还没有方法能够使公众免受技术含量低、作案手法隐蔽的生物毒素攻击。法律执行机构能够想到的最为理想的情况是，在面对这类情况时居民可以提前发现会遭到逮捕的可疑行为。否则，法律执行机构经常只能在事件发生后才采取行动。

实例分析引申出的主要问题

生物毒素攻击可以迅速使大量人失去行动能力，同时造成医疗资源和其他一线救援人员超负荷运转。沙门氏菌并不像其他生物毒素（比如天花病毒、埃博拉病毒等）那样致命，但也可以让人身染重疾。所以应该鼓励管理者与专于此领域的组织机构进行联系，向它们寻求帮助，尽快阻止病症的蔓延。

罗杰尼希教发动的沙门氏菌细菌攻击，意在通过在选举期间让非本教人员失去行动能力来影响当地的选举结果（Ayers，2006）。由于此类生物武器攻击尚属首次，所以也就不难理解，为什么在这么短的时间内有这么多的人遭到沙门氏菌的感染。成功阻止类似攻击事件的关键，是要找到受害者都是如何遭到感染的共同之处（生物武器的投放），并随后试图找到阻止生物毒素进一步扩散的方法。

补充说明

经许可警方对罗杰尼希教所在地进行了搜查，除发现有沙门氏菌菌株外，还有邪教组织为发动生物恐怖袭击正在积极培育的其他致命生物毒素（Ayers，2006）。

1995 年日本东京奥姆真理教地铁沙林毒气攻击事件

灾害第一阶段

现在你的身份是日本一大都会城市轨道交通管理局公共安全的负责人。该城市地铁系统极其庞大，每天大约要运送 500 万名乘客（Bellamy，2008）。鉴于其交通量如此之大，你需要从多方面考虑其安全与安保的问题。而且，这座有地铁运营的城市也是一个地震多发的城市。

1. *如果发生紧急事件，你阻止灾难发生或是降低灾难损失的方案是什么？*当突发自然灾害或其他类别的紧急事件时，你应制定出有效的疏散方案，同时必须配有有效的通信系统，帮助一线救援人员向市民及时传递疏散公告和疏散路线信息。此外，地铁内和站点内应该配有急救医疗用品。

2. *为了保护地铁基础设施，你的方案应该包括哪些内容？*如有可能，你应在地铁站关键区域安装监控摄像，并派安保人员执行巡逻任务。如果条件允许，应对乘客的行李和随身物品进行检查。

3. *为了应对三种可能出现的危机，你应该和哪些组织机构达成合作协议？*你应与地铁站点所在地的地方官员达成一致、共同合作，确保派出的救援人员能够与地铁安保人员通力合作，并且有当地医护人员和医疗设备提供保障。此外，你应该确定救援人员身上配备有应对各种危险品或爆炸物的可用设备。

灾害第二阶段

3 月 20 日上午 7 时到 8 时之间，你的安保人员向你报告有几个可疑人员（神色紧张），挎着背包沿不同地铁路线在地铁霞关站（Kasumigaseki Station）汇合。霞关站不仅是上班族的大型枢纽站，而且早上八点正好是上班族地铁出行的早高峰（Bellamy，2008）。

1. *你的行动方案是什么？*你应该让地铁安保人员拦下这些可疑人员，质询他们紧张的原因，目的地是哪站，还有包里装的是什么东西。如果有监控录像，安保人员可以调取相关录像，对地铁站是否有额外风险做出判断。

2. *你的通信联络方案是什么？*安保人员彼此应进行联络并做出判断，朝一点（或多点）

聚集的可疑人员中，是不是只有其中一个人会引发事端，或者是不是这些神情古怪的人凑到了一起只是一个巧合。如确实发现有潜在威胁的隐患，则应制定疏散计划，并随后告知危险区域内所有乘客。

3. *此时此刻你需要动用哪些资源？* 如确有问题，处理危险品人员、防爆人员和医疗资源需严阵以待，应对紧急事件。同时需要增派安保人员，排查对其他地区地铁站内和地铁周边地区构成安全与安保威胁的可疑人员。

灾害第三阶段

人们看到这几个可疑人员突然扔下他们的背包，然后拿雨伞尖戳开，就迅速离开了地铁车厢（Bellamy，2008）。

1. *你的行动方案是什么？* 如有疏散方案，需立即按该方案执行。医疗人员，危险品处理人员需立即集结并把区域内的人流疏散作为首要任务。

2. *你的通信联络方案是什么？* 需要通知站内乘客向离其最近的出口疏散并保持冷静。作为公共安全负责人，你需要与对危机做出反应的安保人员和其他参与人员保持紧密沟通。此外，你需将事态进展通知省市领导官员。

灾害第四阶段

地铁车厢和地铁站挤满乘客，就在这时，毒性气体开始从被戳开的背包里泄露出来。乘客开始咳嗽呕吐，有的摔倒在地，有的逃向出口，恐慌情绪四处弥漫。医疗人员，警察和军队抵达了事发现场，但是这些救援人员并不清楚他们各自到底要做什么（Bellamy，2008）。

1. *此时此刻，为保障地铁乘客安全，你应该怎么做？* 你做出评估，毒性气体刚刚在地铁车厢里被释放出来。为了保护乘客和其他市民的安全，地铁车厢必须转移到空气流通的户外场所，然后处置危险品人员进入车厢处理毒性气体。如有可能，需要采集一份毒性气体的样本送到实验室进行研究。知道袭击者使用的是哪一种毒性气体，对于有效治愈中毒者是至关重要的。至少，需要告诉医疗人员，这种毒气是通过空气传播，会使人咳嗽呕吐。

2. *对从现场潜逃的袭击者你打算采取哪些措施？* 对于在地铁车厢和地铁站内投放化学毒气的可疑潜逃人员，安保部队应进行追捕。

3. *此时你需要联系哪些其他组织机构协助你解决事件？* 你应该向地方医院寻求援助，因为它们可以收治需要急救的中毒者。你还应与国家公安机关和中央政府与省政府官员取得联系，保持沟通。

灾害第五阶段

现在毒气攻击已致 12 人死亡，超过 5500 人出现中毒现象。五名有刺开背包放出毒气的嫌疑人还未找到。军方通知你此次嫌疑人使用的毒气是沙林毒气（Bellamy，2008）。

1. *此时你需要动用哪些资源？* 最主要的是调集有治疗沙林毒气中毒经验的医护人员和相关医疗器械，对中毒者进行救治。处置危险品人员应对地铁车厢和地铁站进行消毒，同时搜寻可能仍然含有毒气的包裹，防止残留毒气对乘客的二次伤害。调查官则需追踪应对事件负责嫌疑人的行踪，并就嫌疑人获得沙林毒气的渠道展开调查。

2. *你的通信联络方案是什么？* 你应通知死难者和伤员家属，并向处置危险品人员确认，在地铁恢复运行之前，地铁站和地铁中的残留毒气是否已完全清除。

3. *你追捕五名在逃嫌疑人的方案是什么？* 将证据和相关监控录像移交执法机关。调查官负责收集目击者陈词。

4. *恐怖袭击后，你如何让公众对公共交通重拾信心？* 你应就已发生的突发事件向公众发表声明，主动让公众获悉政府将会采取一切措施将制恐者抓捕归案，巩固公众信心。此外，你需告知公众将会采取措施提升地铁的公共安全级别。

实例分析引申出的主要问题

我们很难阻止针对重要交通枢纽的大规模化学攻击。在重要的交通站点，我们可以部署化学物监测设备。当空气中开始弥漫某种化学气体的时候，监测设备就会向乘客发出警告。此外，地铁管理者和政府工作人员应就类似紧急事件进行演练，当类似事件再次发生时，能够迅速部署有针对性的人员和设备。这次沙林毒气攻击事件造成 12 人死亡，大量人员中毒，也暴露出了当重要公共交通枢纽遇到背包这样没什么技术含量的设备，和毒气这样的非常规武器时是多么的不堪一击。

补充说明

日本奥姆真理教策划实施的东京沙林毒气攻击事件以罪魁祸首麻原彰晃遭到逮捕和最终被判以死刑告终（Bellamy，2008）。

2001 年美国炭疽杆菌攻击事件

灾害第一阶段

现在你的身份是美国疾病控制中心主任。你的办公室收到报告称 9 月 19 日有五家主要媒体机构收到了由美国邮政服务公司送达的信件，信件中掺有一种白色粉末状物质。这种物质之后被确定为含有具有武器攻击性的炭疽杆菌（Raimondo，2005）。

1. *为找到炭疽杆菌从何处寄出并阻止病菌随邮件分发而扩散，你应该联系哪些机构与你共同应对？*你应该与美国邮政服务公司紧密合作，找出这些信件的寄出源头以及寄信者。由于此事在本质上属于犯罪行为，联邦调查局应该介入此事寻找这些物质是从何而来。又因为这些物质已被认定为具有武器攻击性的炭疽杆菌，所以国防部也应介入调查此事。

2. *为控制住炭疽杆菌的威胁，你需要动用哪些资源？*对于炭疽杆菌的可能来源需要沿多条线索进行调查，所以你需要有大量调查人员可由你差遣。此外，你也需要提取炭疽杆菌样本送往实验室进行检测。

灾害第二阶段

之后数周，接连有人收到含有炭疽杆菌的信件。含菌信件造成 22 人染病，5 人死亡（Raimondo，2005）。但是有许多出现炭疽杆菌的报告实则为虚惊一场。你的部门的支持资源现在已完全被过度使用。

1. *你的行动方案是什么？*你将需要对纷至而来的炭疽杆菌报告排列出一个优先顺序，确定这些报告中有哪些线索可以作为搜寻散播炭疽杆菌者的最佳切入点。医院和医疗诊治中心要有可以诊治炭疽杆菌的专门药物，这也很重要，医院和医疗诊治中心可能需要这些药物来救治被感染者。

2. *你的通信联络方案是什么？*通信联络方案就是要与其他联邦机构、州和地方官员保持联系。对你来说告知公众相关部门正在就含菌信件的问题进行调查，应对炭疽杆菌的药物正在向各医疗中心分拨，以保证公众安心也很重要。

灾害第三阶段

两封含有纯度更高的炭疽杆菌的信件寄到了美国参议员的手中，造成整个国会大厦都要进行疏散和消毒（Raimondo，2005）。

1. *你的行动方案是什么？*你应该查清寄给参议员的炭疽杆菌样本和之前的样本特性是否相同。再者，你需要与美国邮政服务公司合作来确定是否有可以检测邮件中生物毒素的方法或设备。

2. *你的通信联络方案是什么？*通信联络方案包括要保持与联邦调查局、国防部、美国邮政服务公司以及州和地方官员的联系。你必须向公众实时更新调查情况，并告知公众，政府正在就含菌信件进行彻查，让公众放心。

实例分析引申出的主要问题

这一实例显示出一些不足之处。对于政府官员来说首要的问题是缺少对可以拿到武器级炭疽杆菌的实验室的管控。生物毒素是如何在无人察觉的情况下被拿出实验室的，本来又是应该准备好哪些控制措施来阻止这类行为的发生呢？如果有现成合适的控制措施，它们又会被人们严格遵守吗？研究实例中的场景，也展现了在生物毒素攻击面前关键基础设施是有多么的不堪一击。罪犯使用美国邮政服务投递信件，本质上是在用一种公共传递方式来在国家内大片土地上发动非传统形式的武器攻击。

管理者不仅要确保有适当的控制措施，也要确保人们确实是在按照这些措施来管理实验室的。危险品可以成为武器，为了保护研究设施和人员的安全，也为了保护公众的安全，对库存危险品进行管控至关重要。由于生物毒素难以检测（不像放射性物质或某些类化学品），想要保护美国邮政服务公司免受像生物毒素这样的攻击极为困难。因此，如果出现像此实例中的这类可能让人身染疾病的生物毒素，提前准备好医疗资源来加以应对才是明智之举。

炭疽病造成多人死亡，20多人因炭疽杆菌这种被管控菌种染上疾病。此外，检测炭疽杆菌花费了大量时间，造成不同政府部门（即美国邮政办公室和国会大厦）临时关闭。在这些政府设施被消毒干净之前，炭疽杆菌疫情的威胁足以让各部门停下手头的各项工作。

补充说明

炭疽杆菌攻击事件也被称为美国炭疽杆菌（Amerithrax）事件，没有人因为犯罪活动遭到指控（FBI，2009）。嫌疑人布鲁斯·埃文斯博士在因炭疽杆菌攻击事件遭到正式指控之前就已自杀身亡（FBI，2009）。

2001年美国“9·11”恐怖袭击事件

灾害第一阶段

现在你的身份是美国联邦一负责应对恐怖袭击机构的管理者。9月11日上午8时20分，你收到消息，美国航空公司第11号航班上至少有两名空乘人员被恐怖分子刺伤，头等舱内的乘客被恐怖分子投放的化学药剂驱赶到后部舱室。上午8时34分，马萨诸塞州的奥的斯国民警卫队空军基地（Otis Air National Guard base）发出警告，该11号航班可能遭到劫机。北美空防司令部（North American Aerospace Defense Command，NORAD）直到上午8时37分才发出该机可能遭到劫持的警告（Ahlers，2004）。上午8时46分，载有乘客并装有航空燃油的第11号航班撞向世界贸易中心北塔，造成机上所有乘客遇难（BBC News，2007b）。

1. *你的通信联络方案是什么？* 你需要确保查明现在所有在空中飞行航班的情况。如果有联系不上的飞机，需把此信息传送到停有战斗机的军事基地。你也需要立即通知联邦政府的管理层可能存在恐怖分子不只是劫持了一架飞机的情况。

2. *此时你需要哪些资源？* 你需要与正在空中飞行的飞机建立通信联系。此外，如果恐怖分子劫持了一架飞机，你还需要确认核实你是否有权力采取行动。

3. *你应该联系哪些机构并与之共享信息？* 你应该就现在的局势联络国防部、联邦航空局（Federal Aviation Administration，FAA）以及白宫。

4. *你的行动方案是什么？* 你应该查清所有航班的飞行状态。如果有航班的飞行状况无法得到核实或确认，你应该核实自己是否有权力来应对这样的情况。如有权力，你应该派出战斗机对联系不上的航班实施拦截。对于未起飞的航班，在情况得到解决前应一直在机场停靠，等待进一步的通知。

灾害第二阶段

两架 F-15 型战斗机紧急起飞试图对第 11 次航班实施拦截，但此时该航班已经撞上了世界贸易中心。F-15 型战斗机无法对该航班进行定位，在围绕纽约飞行等待命令。上午 8 时 50 分左右，美国联合航空公司第 175 次航班与飞机指挥塔失去联系，该机应答器代码也遭到更换。上午 8 时 52 分，机上一名空乘人员打通电话，你才得知机上飞行员全部被杀害，一名空乘人员遭刺伤。这名空乘人员确信劫机者已经控制了飞机。上午 8 时 56 分，美国航空公司第 77 次航班没有对通信做出回应，并且飞机应答器遭到关闭（National Institute of Standards and Technology，2005）。

1. *你的通信联络方案是什么？* 你应该联系联邦政府各机构以及国防部，要求其出动正在纽约上空待命的战斗机对第 175 次航班和第 77 次航班实施拦截。

2. *你的行动方案是什么？* 你需要有适当权力就疑似被劫持飞机采取措施。由于已知至少有两架飞机疑似有机组人员遇害的情况出现，所以你需要战斗机立即对航班实施拦截。

灾害第三阶段

上午 9 时 2 分，联合航空公司第 175 次航班撞向了世界贸易中心南塔，机上所有人员遇难。世界贸易中心里的人们跌跌撞撞地从里面逃出来，由于火势失去控制，有的人跃窗而下。上午 9 时 3 分，联邦航空局就第 175 次航班被劫持一事与北美空防司令部取得联系。上午 9 时 4 分，波士顿空中航线交通管制中心（Boston Air Route Traffic Control Center）取消了所有从新英格兰和纽约起飞的航班。上午 9 时 8 分，联邦航空局取消了所有航线经过纽约上空的机场航班并禁止航班进入纽约空域。上午 9 时 13 分，F-15 型战斗机奉命进入曼哈顿空域。上午 9 时 24 分，北美空防司令部接到通知，美国航空公司第 77 次航班和联合航空公司第 93 次航班遭到劫持（National Institute of Standards and Technology，2005）。上午 9 时 26 分，联邦航空局停飞了所有经过美国领空的航班。上午 9 时 28 分，第 93 次航班被劫机者控制。上午 9 时 34 分，联邦航空局通知特工处（Secret Service）第 77 次航班正向华盛顿特区方向飞行，特工处又对白宫进行疏散。上午 9 时 37 分，第 77 次航班撞向五角大楼，建筑有部分区域整个被摧毁，所有机上乘客和五角大楼内的 125 名军职人员遇难（National Commission on Terrorist Attacks upon the United States，2004）。

1. *你的通信联络方案是什么？* 你应该坚持尝试与仍在空中飞行的飞机取得联系，并警告机组人员可能会有人劫机。你也应该把你已经采取的行动通知给白宫，并告知其第 93 次航班好像也处于恐怖分子的控制之中。

2. *你的行动方案是什么？* 为了让尽可能多的飞机能够降落，你应该努力寻找飞机可以着陆的最近地点。这样一来，你就仅需要关注可能被恐怖分子控制的飞机这一威胁了。对于一直没有对通信做出回应的飞机，战斗机或者对它们实施拦截迫使其着陆，或者将其击落。

灾害第四阶段

上午 10 时左右，联合航空公司第 93 次航班在宾夕法尼亚州坠毁，几乎在同时，世界贸易中心南塔坍塌。伤亡人数难以统计清楚，本来会有更多的劫机袭击事件发生（BBC News，2007b）。有大量人员被困在碎石瓦砾中（National Institute of Standards and Technology，2005）。此外，恐怖主义的威胁仍然是实实在在的，或许就会再次发生恐怖袭击。

1. *你的行动方案是什么？* 此时你应该清楚掌握仍在空中飞行可能会遇到威胁的航班数量。由于难以预计有没有足够的时间来核实国际航班是否在机组人员的控制之下，且大多数国际航班都是飞往具有显眼地标建筑的大城市，所以要派战斗机来为国际航班护航。

2. *你的通信联络方案是什么？* 你应该向受到空中管制影响的联邦机构介绍事件的基本情况。你还应该向公众简明通报事态进展，并向公众保证调查正在进行，类似的恐怖袭击以后不会再次发生。

实例分析引申出的主要问题

在某种程度上，疏于对签发的学生签证的管控，让许多学生身份的恐怖分子即便签证已经到期却依然可以待在美国。针对政府之前是否应该积极追踪这些人的行踪，怎样才能避免这次危机发生的问题，人们一直争论不断。但是不容辩驳的是少数几个人凭借各式各样的武器（比如裁纸刀）就控制住了四架飞机。机场安全检查的一个明显漏洞，就是没有检查出这些可以转变为武器的物品，让这些登上商业飞机的恐怖分子有了控制住四架飞机的方法。

那时恐怖分子利用飞机充当恐怖武器对于政府官员来说还是一个新事物。不再像以往发生过的劫机事件那样乘客被恐怖分子劫为人质，现在恐怖分子正在寻求的是以最小的成本造成最大的人员伤亡和破坏的方法。这一新方法也说明了交通运输基础设施是何等脆弱，它会受到恐怖分子的操控，还会被当做威力巨大的大型武器使用。

补充说明

“9・11”恐怖劫机和自杀式袭击事件造成2974人遇难（不包括19名劫机者），24人一直失踪后被推测为遇难，6000多人受伤（Spektor，2007）。2011年，“9・11”恐怖袭击事件的幕后主谋奥萨马・本・拉登在海豹突击队发动的一次夜间突袭中被美方击毙（Goldman，2011）。

2007年美国肯尼迪国际机场恐袭未遂阴谋

灾害第一阶段

现在由你负责一大城市机场的公共安全部门。你的安全人员向你报告称他们看到有三四名可疑男子在机场内拍照。

1. *你可能会关注有关公共安全的哪些问题？* 在此情况下你应该关注机场的安全侦测问题，防止有恐怖分子混入机场，或是防止其对机场、飞机或是乘客发动恐怖袭击。

2. *此时你需要动用哪些资源？* 此时你需要动用你的地方安全资产确保机场范围内的安全，不会让不知底细的人员有潜在渗透进机场的可能。此外，凡是可疑男子拍过照的区域都要增派安保人员。

3. *你应该联系其他哪些组织机构寻求援助？* 你应该联系如国土安全部、联邦调查局这样的联邦机构，也应该联系可以帮助你追踪潜在恐怖分子的地方法律执行机构。

灾害第二阶段

经查实，四名男子中的其中一人曾在机场做过货物装卸工。他在就袭击机场航空燃料管线的方案与警方线人进行联络后被联邦调查局逮捕（BBC News，2007a）。

1. *你的行动方案是什么？* 作为正在进行的调查其中一部分，开始调查与这名被捕男子经常接触，对机场有潜在危险的工友或雇员是明智之举。此外，由于机场基础设施潜在中极易受到攻击，所以要采取额外的安全预防措施来保护这些设施。

2. *你需要哪些资源？* 你可能需要额外的安保人员和相机这样的安保设备，对机场施以更加完善的保护，防止袭击发生。此外，为对通向输油管线的基础设施提供更完备的保护，你还应该进行一项研究，查清这些基础设施是否额外需要安全和安保措施的保障。

3. *你针对政府机构和公众的通信联络方案是什么？* 向法律执行机构传递消息极为重要，执法机构获得消息就可以对蓄谋袭击机场的恐怖分子实施抓捕。你应该打消公众的疑虑，告知公众为逮捕恐怖分子已采取了所有的适宜手段，机场不会再面临恐怖分子带来的危险。

实例分析引申出的主要问题

人们成功阻止了恐怖分子针对肯尼迪国际机场的袭击。这一研究实例说明了管理者和联邦官员坚持做好情报工作，采取了抓捕嫌疑人的有效措施来阻止恐怖袭击。通过预测恐怖分子正在考虑的袭击方案，管理者可以增加安全和安保措施来强化那些潜在易受恐怖分子攻击的目标，预防以后恐怖分子的袭击。

补充说明

肯尼迪国际机场恐袭阴谋只是停留在计划袭击阶段，未遂阴谋以计划实施袭击的四名恐怖分子中的三人被捕告终（BBC News，2007）。

第 11 章

犯罪活动或恐怖袭击致灾实例分析——枪击和暴动事件

1966 年美国得克萨斯大学奥斯汀分校查尔斯·怀特曼枪击案

灾害第一阶段

现在你的身份是美国某中型城镇中一名牌大学校长。你校学生众多，校园面积大，建筑林立。校内有一名学生把一只鹿的尸体拖拽进宿舍，然后在宿舍淋浴间剥掉了尸体的皮。你刚刚接到通知学校警察就此事传唤了这名学生。这只鹿是他在一次狩猎旅行途中猎杀的（Lavergne，1997）。你发现这名学生在学业上的表现并不好。

1. *你的行动方案是什么？* 你应该要求主管该生学术项目的系主任从中干预，提升他的学术水平。由于应与该生进行面谈，寻找其是不是在校外期间遇到了什么问题，导致回到学校做出了不正常的举动，所以你也应该联系教导主任。如果教导主任感觉该生有不对劲的地方，则应将该生送往健康服务部门接受心理顾问的辅导。

2. *你可能想要得到哪些资源？* 这一事件对校方官员似乎是一种提醒，提醒他们可能有必要对现有的安保措施进行检查。此外，公安部门需要备有适当的设备和人力，来应对这所规模与一座城市相当的学校内发生的涉及面宽泛的各种问题。

灾害第二阶段

你收到报告，一名看过校医和学校精神病医生的学生大致表达了他想要“开始朝人射击”的想法。你意识到这名学生就是之前因在宿舍给鹿的尸体剥皮而遭到学校警察传唤的那个人。你的同事发现该问题学生曾获机械工程专业美国海军陆战队奖学金。但是该奖学金已于前一年被取消（Lavergne，1997）。你让一名同事对这名学生做进一步调查。

1. *你的行动方案是什么？* 这名学生现在的问题是心理状态不稳定，应该对其问题严肃对待。你应该确保教导主任对情况有所认识，了解其发展现状。如果该生在校有可能对他自己或他人造成威胁，你也应该允许教导主任让其休学。此外，你还应该为该生寻找更多医疗上的援助。

2. *你的通信联络方案是什么？* 你应该就该问题学生联络学校警局局长和教导主任。

由于涉及病情隐私的问题，你此时也就没有可以进行联络的其他人选了。

灾害第三阶段

你收到报告，许多人看到有一名身穿绿色夹克、卡其布外套和牛仔裤的可疑人员（Lavergne，1997），推着一辆装有一只箱子的台车从校园经过（Macleod，2007b）。一名安全警卫记得在这名学生宣称他正在运东西后给了他（他的身份证信息显示他为科研助理）一张停车证。但很不走运，好像并没有人记得他走向了哪个方向（Macleod，2007b）。

1. *你的行动方案是什么？*你应该向校园警察下达立即寻找这名可疑人员的命令。此外，你还应该指挥警察找到此人使用过的台车，由台车的线索确定此人是谁，又去了哪里。

2. *你的通信联络方案是什么？*为监控情况，你应该与警察局长保持紧密联系。此外，如果情况长时间得不到解决，你应该联系各部门领导，询问在他们的辖区内是否看到过可疑人员。

灾害第四阶段

你的一名工作人员在学校的钟楼碰到了这名学生，该生正推着装着箱子的台车登上了去往顶楼的电梯（Lavergne，1997）。

1. *你对这名学生的行动有哪些担心？*由于学校钟楼里并没有研究设施，他没有带着箱子进入钟楼的必要（作为一名科研助手）。

2. *你的行动方案是什么？*你应该联系学校警察，将他们立即派往学校钟楼。如果钟楼内有工作人员，应向他们发出警告楼内进入可疑人员，请保持警惕。

灾害第五阶段

你听到学校钟楼内响起了枪声。市公安部门给你打来电话，告诉你有狙击手从钟楼向下开火，已有多名学生中弹（Macleod，2007c）。恐慌情绪迅速在校园内蔓延，学生四散奔逃（Lavergne，1997）。

1. *你的行动方案是什么？*你应该指挥学校警察立即对区域进行疏散。如果有学生受伤，你则应该指挥这些警察尽快把他们转移出危险区域。你还应该命令学校警察局长为逮捕狙击手与当地警方进行合作。

2. *你的通信联络方案是什么？*你应该要求学生待在室内，为保障安全还要远离窗户。如果有在户外的学生，你应该引导他们在附近建筑物里寻找避难所。为监控情况，你还应该与学校警察局长和市公安部门一直保持联系。

灾害第六阶段

州警员、县治安官的副手、市警员现在都抵达了校园，尝试对钟楼进行还击。这名学生的台车内有多支威力巨大的猎枪，激烈交火现场此时出现了当地居民的身影（Macleod，2007c）。警方通知你钟楼顶层只有一名狙击手。校园庭院里现在到处都是伤亡人员，情况变得混乱不堪（Macleod，2007c）。

1. *身为大学校长，你此时的首要任务是什么？* 你的首要任务是采取一切措施来阻止新增伤亡人员。已受伤人员需尽快从现场疏散，送往医院。

2. *你可能想要得到哪些资源？* 调集装甲车来保护一线救援人员和伤者是一个可取的方法。这种运输工具可以让一线救援人员把伤者安全疏散至医院。

灾害第七阶段

装甲车辆和救护车现在正在努力搭载伤员，将其送往附近医院（Lavergne，1997）。一架飞机在上空盘旋以吸引狙击手火力，减少他向校园射击的次数（Zeman，1999）。你现在收到消息，有三名警员已进入钟楼，一些人因害怕被狙击手射杀已经困在钟楼下面有数分钟之久（Macleod，2007c）。

1. *你的行动方案是什么？* 尝试与在钟楼下面的某一人进行沟通，并建议此人告诉其他人狙击手火力是来自观景台方向，所以请待在那里不要动，马上就会有人来救他们。一旦伤员得到疏散，其他人也都躲进了子弹打不进去的安全建筑内，你就需要指挥学校警察帮助其他法律执行人员对狙击手实施逮捕。

2. *你的通信联络方案是什么？* 你需要与法律执行官员和市官员保持联系。此外，你应该通知当地医院，还会有一些伤员可能需要入住。

灾害第八阶段

警方从钟楼观景台扔下了一块绿色毛巾，表示狙击手已被击毙（Lavergne，1997）。警方通知你在塔内临近观景台的地方发现了三具遇难者遗体（Lavergne，1997）。总共有 13 人在狙击手的枪口下当即毙命，另有 33 人受伤，其中 2 人伤势严重（Court TV Online，1999）。

1. *你的行动方案是什么？* 你需要对安保部门在校园实施追踪的方法以及他们对可疑人员做出的反应重新进行评估。不幸的是，你需要对进入学校钟楼观景台的人进行监视，并要额外雇佣安保人员专门负责钟楼的安全。需要提升对有怪异举止或行为与平常不一致学生的监管力度，并准备好应急行动方案。

2. *你可能想要得到哪些资源？* 学校需要制定出一份应急行动方案以及与其他组织实

体达成在学校发生不正常情况时向其提供法律执行资源（比如特殊武器和战术部队）的协议。另外，需要开展市法律执行人员和学校警察的联合演习。

3. *你会准备好哪些措施预防以后发生类似事件？* 在学校钟楼内，应在靠近通向观景台电梯的入口处安置金属探测器。现在（2011 年），人们可以使用许多电子设备比如安全摄像、读卡器、现代警报系统来在潜移默化中预防这类事件再次发生。

实例分析引申出的主要问题

想要应对学生有暴力倾向或是心理疾病这样的问题常常很困难。在对可能有心理健康问题的学生进行干预之前，他们的古怪行为常常都有一个临界点。如果一个学生说他想要“开始向人开枪”，管理者显然应该采取措施。其他高等教育机构在这一研究实例之后发生的枪击案其模式都相似（比如弗吉尼亚理工大学校园枪击案是由一名精神错乱性格孤僻的学生所为）。对于管理者而言，采取预防措施很重要，确保校园建筑能为法律执行人员提供开阔的开火场地并阻止狙击手攻击也很重要。这些校园建筑应该配有完备的安全措施，可以阻止带有武器的人员进入建筑内（比如安全警卫和金属探测器）。但不幸的是，如果一名罪犯在人口稠密或拥挤的区域开枪射击，可能就没有管理者能真正做到预防此类事件不再发生了。

大型学院或学校的校园都是对外开放的，这就很难对谁应该在校园里谁不应该在校园里做出一个理所应当的判断。在这一实例中，狙击手的身份是在校学生，校方不可能阻止学生进入校园。但是学校钟楼没有安保措施，以及校园安保人员没有询问其运送物品的种类和送抵地点这两个问题，让狙击手抓住了校方的漏洞，使其有机会大摇大摆地在校园内转移武器。

补充说明

警方发现这名学生在钟楼疯狂射击之前还刺死了他的妻子和母亲（Macleod，2007a）。事件结束后钟楼观景台关闭了两年，并最终于 1974 年被永久性关闭。1999 年，观景台重新开放，但对参观条件做了严格限制，并需有导览人员随行监督游客（Heimlich and Edwards，1998）。

1992 年美国洛杉矶暴乱

灾害第一阶段

现在你的身份是美国西海岸一大型都会城市的最高管理者。4 月 29 日，作为对一法庭不公裁决的回应，城市市中心区域开始发生暴乱（Gray，2008）。火灾在多处出现，抢劫活动猖獗，消防员们在试图扑灭火灾时其生命也受到了威胁（Delk，1992）。

1. *你的行动方案是什么？* 城市经理应该向公安部门下达指令，调配所有人力保护消防人员安全，控制市中心暴乱局面。应迅速为防暴人员配备非致命性的防暴设备，这些设备不仅可以用来压制暴乱者，也可以帮助他人从暴乱区域安全撤离。

2. *你需要哪些资源？* 城市经理需要召集所有可以调动的一线救援人员来应对火情和暴乱。基于发生暴乱的规模之大，你也应该考虑向附近城市要求派遣额外的一线救援人员来帮助灭火和控制暴乱。

3. *你的通信联络方案是什么？* 城市经理应该呼吁公众要保持冷静，避免前往市中心附近。为了让暴乱得以控制，正在燃烧的大火能够被扑灭，你也应该与州和其他地方官员联系，寻求援助。

灾害第二阶段

现在暴乱区域已扩大至45~50平方英里，你所在州的州长已经征调了该州的国民警卫队。此时，暴乱到现在已造成9人死亡，150多人受伤。你现在需要面对的是人数超过50000人且携有武器走上街头的暴乱人群（Suburban Emergency Management Project，2004）。抢劫犯罪数正在增加，你还没有让城市恢复秩序。

1. *你的行动方案是什么？* 你的首要任务是让伤员远离危险区，将其送至医院接受救治。城市经理应该要求国民警卫队前往发生暴乱最严重的区域，让部分地区可以免受暴乱侵扰。然后可以更为统一地向城市其他区域重新调配公安部门的力量应对暴乱者。这样一来，暴乱者就将会面对两支训练有素、协同作战的队伍，局面应该也就可以得到控制。

2. *你的资源将如何与国民警卫队结合在一起？* 你应该建立起一个可以协同各方力量的指挥站，由指挥站的联络员负责联系公安部门，消防部门和国民警卫队。

3. *危机时刻你需要哪些资源？* 因为暴乱者人数达50000人，城市经理应仔细考虑寻求更多人力和装甲车辆上的援助来控制住暴乱者。你还需要向其正在应对暴乱者的防暴人员输送食物和水。

灾害第三阶段

公路巡警队刚派出300人用来保护消防员并尝试控制住发生在市郊的暴乱。而最为紧迫的是，治安官（该地最高法律执行人员）和市长关系不睦，其与警察局长看上去也无法就应该如何调配国民警卫队达成一致意见，结果导致国民警卫队一直也没有出动（Suburban Emergency Management Project，2004）。

1. *你将如何应对警察局长、治安官和市长之间政见不合的情况？* 你应召集这些相关官员举行会议，就如何调配国民警卫队尽快达成一致意见。由于城市缺乏控制暴乱所需的大量警力，国民警卫队按兵不动的时间越长，城市暴乱持续的时间就会越长。城市经理要对警察局长施加影响，如果警察局长想要使用的方案并不奏效，那么你就应该考虑临时由他人替换，来胜任团队领导一职。

2. *国民警卫队应该如何进行调配？* 国民警卫队除有配发的轻型武器外，防暴装备也比警员的更加精良，可以应对大量的暴乱人群，所以应该将其派往暴乱活动最为猖獗的地方。

灾害第四阶段

最新收到的报告显示暴乱中已有超过1000人受伤，31人遇难。由于城市的医疗设施人满为患，伤员只能被送往较远的医院接受救治，这是出现的一个新问题（Suburban Emergency Management Project，2004）。

1. *你将如何应对当下缺乏医疗资源的问题？* 你应该询问国民警卫队是否可以用直升机来提供医疗后送（medical evacuation，Medevac）上的支持。如果国民警卫队可以就此提供支持，你应该为这些直升机划定一块着陆区，让其可以搭载受暴乱所伤的伤员前往有能力收治他们的医院。如有可能，你应该向海军请求，是否可以调遣美国海军船只仁慈号医疗船（USNS Mercy）前往该市提供额外的医疗支持。

2. *你现在还面临其他哪些方面的短缺问题？* 尽管出动了国民警卫队，但是想要控制住50000人的暴乱还是需要比现在更多的人力。此外，拘押已遭逮捕暴乱者的看守所将会面临场地不足的问题，所内看守人员将会面临人手不足的问题。

灾害第五阶段

由于形势一片混乱，暴乱发生两天后州长请求从奥德美军基地（Fort Ord）调拨3500名联邦部队士兵前往城市增援。联邦部队最终于5月2日调往该市（Suburban Emergency Management Project，2004）。

1. *此时你的行动方案是什么？* 你应该考虑是否可以把额外的部队派到暴乱最严重的地方，以及是否可以把这些部队与国民警卫队紧密结合在一起，来应对暴乱者。

2. *你的恢复方案是什么？* 面积如此之大的区域重建工作，需要时间和金钱。为了清除残骸瓦砾、修复基础设施，你需要筹集资金、调整预算。需要你做的第一件事情，是为那些无家可归的市民寻找避难所，并为他们提供物资供应。然后你需要重点搜寻逮捕暴乱责任人，依法对他们进行起诉。

实例分析引申出的主要问题

大型都会城市本应准备好应对这样的暴乱事件的有效组织结构。处理暴乱人群问题的决策过程应该连贯顺畅，意在获得更多资源并尽快发挥这些资源最大功效的方案也应该准备就绪。如此研究实例所示，指挥控制中心缺乏统一的领导，让各方应对暴乱时的局面变得更加混乱。由于管理者没有及时出动国民警卫队，城市的更多区域因此遭受到了更多的破坏。

补充说明

1992 年美国洛杉矶暴乱最终造成 53 人遇难（Gray，2008）。暴乱也摧毁了 1100 多栋建筑，2300 人在暴乱中受伤（CNN，2002）。

1999 年美国科罗拉多州科伦拜中学（Columbine High School）校园枪击惨案

灾害第一阶段

现在你的身份是美国一城郊校区的负责人。4 月 20 日上午 11 点 45 分，你接到电话说有两名持枪男子在科伦拜中学横冲直撞（Boulder News，1999）。

1. *你的行动方案是什么？* 你需立即让当地警察前往学校，确保学生、校工和教师正在从学校疏散出来。你还需要为公安和消防部门提供或许可以帮助一线救援反应人员更有效应对紧急事态的学校楼层精确的平面图。

2. *危机时刻你需要与哪些组织机构进行协作？* 地方公安部门、消防部门，如果需要的话，提供医疗支持的医院也是你应该与其进行协作的对象。

3. *你需要动用哪些资源？* 此时除了要求当地公安部门动用各种力量赶往事发学校，你确实没有太多的事情可以做。此外，你一定要联系医院让其提供医疗服务。万一持枪者不仅仅携带有枪械（可能还有爆炸装置），或许也需要联系消防部门。

4. *你的通信联络方案是什么？* 由于你没有可以传达给别人的消息，所以通信联络方案的内容也将会极其有限。此时你只知道在中学里出现了两名持枪男子。

灾害第二阶段

特殊武器和战术部队以及拆弹小组于正午抵达学校，拆除掉了安置在校园周围的多处炸弹并在救护车运送受伤学生时保护附近区域安全（Boulder News，1999）。12 点 30 分，特殊武器和战术部队进入中学开始搜寻持枪者，并援救可能还在学校里面的学生（Boulder News，1999）。从学校二层图书馆传出的枪声在校外也可以听到（Steel，2008）。

1. *你用来统计在校学生人数的方案是什么？* 你需要尽可能多地找到教师和学校管理

人员来统计出发生袭击时他们班内的学生人数，以期从教职工那里获得可能仍在学校中的学生总人数。

2. *此时你需要哪些资源?* 危机时刻将会非常需要医疗资源。此外，如果有学生或员工被持枪者所伤所害，你需要准备好通知孩子家长和员工家属的机制。负责区域公共事务的官员应该向学生家长和社区报告情况形势。

灾害第三阶段

特殊武器和战术部队正在疏散该中学的学生、校工和教师，同时一间屋子一间屋子地寻找持枪者(Steel,2008),其另一项任务是继续小心谨慎地在中学内拆除自制炸弹(Steel, 2008)。此时，你获悉到有一些学生和教师已被持枪者所伤所害。下午 4 点，特殊武器和战术部队最终完成了对该中学的安全检查工作（ Boulder News，1999 ）。

1. *此时你的行动方案是什么?* 你计划必须制定出一个在悲剧发生后可以得到推行的方案。在经历了像这样的枪击事件后，对于该中学何去何从的决定将会是极其情绪化的。你也需要解决区域内其他学校现行安全政策、预防措施和应急程序的问题，重新评估各项指标的有效性。

2. *你的通信联络方案是什么?* 你需要就校园枪击事件始末和该校后续处理问题向公众发表公告。你也需要确保让公众意识到，将会有变革措施让今后的学校变得更加安全，避免再次发生像这样的事件。

实例分析引申出的主要问题

如果有持枪者闯入校园，在这样的持枪事件面前，公立学校除了制定出有效的疏散方案外，就没有什么可以采取的措施了。这一实例中的问题很是复杂，因为持枪者事实上就是在校生，学校员工很难对他们的意图有所察觉，而发现他们在建筑外引爆炸弹装置时则为时已晚。

除非校方能注意到学生有心理疾病或是可能具有暴力倾向的早期警告迹象，否则管理者就要对发生在他们组织机构内的暴力事件进行风险管控。如果可以先发制人，对潜在具有暴力倾向的个人积极采取措施，或许就可以避免发生危机。

补充说明

科伦拜中学校园枪击事件造成 13 名师生遇难，25 人受伤。两名持枪男子最后也都饮弹自尽（ Steel，2008 ）。

2002 年美国环城公路狙击手杀人事件

灾害第一阶段

现在你的身份是美国东海岸某州州长。你的办公室刚刚收到报告称 9 月 5 日晚上 10 点 30 分有一人在给餐馆锁门时身中数枪（Dao，2003）。9 月 21 日，又有两人在他们经营的酒类专卖店前遭子弹射击，造成一死一伤（CBC News，2004）。

1. *你的行动方案是什么？* 两次射杀行动似乎为一人所为，你需要通知州警察要留意各种可疑的活动。为努力找到肇事的一名或多名凶手，州公安部门和地方公安部门需要通力合作。

2. *此时你需要哪些资源？* 此时对犯罪现场进行分析就是你所需要的资源。通过分析可以查明和核实受害人被害方式是否相同。如果相同的话，凶手使用的又是哪一类武器。此外，你需要调遣人力来追捕应为罪行负责的肇事凶手。

3. *此时你应该与哪些机构协作？* 你应该联络联邦调查局，看其是否可以派出一名犯罪研究专家协助案件的调查。在追踪一名或数名持枪凶手的踪迹时，州公安部门要与县和地方法律执行机构进行合作。

4. *你的通信联络方案是什么？* 你应该向市民通报案件情况，寻求借助他们的帮助来逮捕被通缉的罪犯。

灾害第二阶段

10 月 2 日和 3 日，又有 6 人在环城公路上遭射击致死（CBC News，2003）。两日内的所有遇害者都是被狙击手用子弹远距离射杀（Mansbridge，2003）。10 月 7 日至 10 月 22 日之间，这名狙击手又在与你州南部的邻州造成 4 死 2 伤（CBC News，2003）。

1. *你的行动方案是什么？* 这名狙击手看上去机动灵活，神出鬼没。因此，为了将其绳之以法你需要投入更多的资源。由于狙击手现在于州界线附近实施犯罪，所以你应该要求联邦调查局协助进行调查。为了逮捕狙击手，你还应该呼吁公众提供可能帮助到法律执行机关的信息。

2. *你需要动用哪些资源来对抗狙击手？* 为逮捕狙击手，你需要联邦、州和地方警力的支持。此外，你需要使用诸如监控摄像、直升机、飞行器等资源来对狙击手可能发动攻击的地点进行监视。还有就是，你可以沿环城公路建立检查站，对狙击手进行筛查。

实例分析引申出的主要问题

这一实例用枪击案件说明，当一名狙击手射术精湛、使用的武器精准可靠、自身的移动性高度灵活的时候，他（她）将会是多么的致命。如果狙击手具备作案的意图，而人们又没有侦测这类人携带武器入境的准备，那么几乎不可能阻止这类攻击事件的发生。如果狙击手采取远距离射击的方式，那么在一线救援人员抵达现场之前狙击手肯定会从境内撤出。在这一研究案例中，法律执行机构可能要花费些时日才能逮捕到狙击手，但是从整体上来说，这一研究实例说明了法律执行机构制止和逮捕狙击手的必用模式的具体操作方法。

管理者需要意识到，想要抓到像狙击手这样的罪犯需要时间、耐心以及可行的搜查策略，也必须意识到，想要抓到这样的人需要投入大量的资源，来执行搜寻任务以及在主干道路上设立检查站。

补充说明

环城公路狙击手杀人事件造成 10 人遇害，3 人受伤（CBC News，2003）。凶手约翰·艾伦·穆罕默德和李·博伊德·马尔沃在一辆车内被警方逮捕，在车内还发现有一支曾在历次射杀罪行中使用过的巨蝮毒蛇 AR-15 型号步枪（CBC News，2004）。2003 年约翰·艾伦·穆罕默德被判处并执行死刑，而他的同伙李·博伊德·马尔沃被判处终身监禁不得假释（Calvert，2009）。

2007 年美国弗吉尼亚理工大学校园枪击惨案

灾害第一阶段

现在你的身份是一大型公立大学的学校管理者。4 月 16 日星期一上午 8 时，你接到报告称两名学生被射杀在校园内的一栋宿舍楼里（Office of Governor Timothy M.Kaine，2007）。上午 9 时，你又接到报告，犯罪现场没有发现枪支，也没有人遭校园警察的拘留。上午 9 时 26 分，学校向校内学生发送了一封邮件，将两名学生因明显内部争执而被射杀一事告知学生（Office of Governor Timothy M.Kaine，2007）。

1. *你的行动方案是什么？*你应该为最坏的情况做好准备，假设在校园里至少有一名持枪者在到处游荡。你需要让校园警察对持枪者持续进行搜查并应向地方公安部门求援。应对宿舍区所有的安全录像进行检查，寻找摄像机是否捕捉到了可疑人员。

2. *你的通信联络方案是什么？*由于持枪者可能还在校园内，所以应立即把消息传达出去，要求在这一天上课的学生都要进行疏散。你应该告知地方政府官员校园内存有还未解决的潜在问题。

3. *你此时需要哪些支持资源？*需要各方行动协同一致才能查明持枪者的位置，进而将其拘押。为完成此项任务，你将需要尽可能多的法律执行人员和安全人员来帮助搜查仍然在逃的嫌疑人。你还应该要求地方公安部门提供援助。

灾害第二阶段

上午 10 时，你接到来自诺瑞斯楼（Norris Hall）一名教员的电话，他告诉你说在楼外面的门上贴着一张便条，便条上写着任何想要打开上锁的门进入入口的努力都会引起炸弹爆炸。与此同时，你听到从诺瑞斯楼二层传来枪声（Office of Governor Timothy M. Kaine，2007）。

1. *你的行动方案是什么？* 你应该把警察都聚集到诺瑞斯楼来。由于楼内可能有爆炸装置，你将需要叫来当地公安部门的拆弹小组。

2. *你的通信联络方案是什么？* 你需要立即通知校内人群在警方确保学校安全前不要离开他们所在的建筑（除了在诺瑞斯楼里的人）。

灾害第三阶段

警方在试图打冲入被锁死的门内时遇到了困难。五分钟之后，警方终于得以从入口进入建筑。最后一声枪响刚刚响起。诺瑞斯楼里有大量的死伤者。强风气候条件下无法使用空中救援队来运送伤员，你不得不采用其他运送伤员的交通方式（Office of Governor Timothy M. Kaine，2007）。

1. *你的行动方案是什么？* 你应该征用所有可以将伤员送往医院的车辆，以便尽快完成对伤员的疏散。警方需要确保建筑物内已被彻底清查，不会再有爆炸装置或是其他持枪者藏匿在诺瑞斯楼内。应该分发可以使用的医疗物资来救治伤员。在适当的医疗援助抵达之前或是伤员全部得到疏散之前，你应要求有能力胜任急救工作的人来接手现场的救治工作。

2. *你的通信联络方案是什么？* 你需要和公众沟通，告知其事件发生始末和你们正在采取的救治伤员的措施。对于遇害者，你应该采取行动通知其家属。

实例分析引申出的主要问题

发生的事件并不总是像它们看上去的那样。面对可能变得比最开始观察到的情形更加危险的情况，管理者不应该在是否要调配额外的资源上犹豫不决。这一实例中的杀人凶手在不同的时间袭击了校园内两个不同的区域，这也让校方对实际上究竟发生了什么产生误解。想要从最初的犯罪现场判断出杀人凶手仍然逍遥法外是极为困难的一件事情，警方在发现前两名被谋杀的学生遗体时似乎就可以断定凶手在杀完人后就自行了断了。

高等教育机构的管理者还必须铭记于心的是，让校园一直保持对外开放就会导致安保的效力变弱。校园主要掌握的警员或是安保人员不能做到覆盖大型开放区域的每一个角落，而安全摄像、房卡钥匙锁等其他方法则可以用来作为高等教育学府现有安保力量的补充。

补充说明

2007 年弗吉尼亚理工大学校园枪击惨案造成 27 名学生和 5 名教员遇害，23 人在疯狂杀戮中受伤。持枪者在警方进入诺瑞斯楼时开枪自杀（Office of Governor Timothy M. Kaine，2007）。

第12章

人为因素致灾实例分析——核能、生物毒素或化学物质灾害

1948年美国多诺拉（Donora）镇空气污染事件

灾害第一阶段

现在你的身份是美国东部一大型工业州的州长。你州有众多大型工业中心围绕一大城市而建。从工厂滚滚而出的毒性烟雾让多诺拉镇的居民开始出现病症（Gammage，1998）。

1. *你的通信联络方案是什么？* 你需要联系大城市中的城市官员，询问他们正在采取什么举措来调查与工业基地有关的市民健康受到影响的问题。然后，你应该联络联邦、州和地方健康机构，向它们寻求援助并了解有关工业废弃物致居民染病的信息。

2. *你将如何应对工厂所有者？* 你将需要联系工厂所有者，告诉他你要对其工厂进行检查。如发现工厂排放的污染物超过了某一临界值，那么工厂所有者将要负起责任，要减小向土壤、水和空气中的排污量。如果工厂所有者并不服从要求，你需要开始采取行政措施，对这些工厂征收罚金。

3. *你应该准备好哪些政策和程序？* 身为州政府中的一名管理成员，你应该联系立法机构，为你州社区居民要求其将可以让工厂变得更加安全清洁的政策和程序写进法律。从管理上来说，你可以要求各个州一级机构制定出强制工厂变得对环境关系更加友好的新导则。

4. *你应该动用哪些资源？* 你需要开始动用涉及健康和安全事务的州一级机构来应对污染物导致居民生病的问题。此外，如果居民健康状况进一步恶化，你需要做好把居民从某些被污染区域转移出去的准备。如果对居民实施了转移，你则需要为其提供临时避难所和物流运输。

灾害第二阶段

多诺拉，是一个拥有14000人的小镇，但现在其中有7000人因吸入了污染物而生病。已有20人因窒息死亡（Gammage，1998）。

1. *你的行动方案是什么？* 情况日趋恶化。你需要严肃考虑将一些居民重新安置到

其他地方，同时对拒不按要求改进的工厂施以重罚或直接将其关闭。你也需要从州内外机构获取医疗上的支援。你应该联系联邦机构并要求像疾病控制中心这样的机构提供援助。

2. *你需要哪些资源?* 在实施行动方案之前，要对医疗物资和物流运输资源进行清点。如果你决定要迁移一些居民，那么你需要为他们提供的就不仅仅是避难所而已。在污染情况趋稳，迁移出的居民可以重返家园之前，所有流离失所的居民都将需要食物、水和收入来保证他们生活的稳定。

实例分析引申出的主要问题

政府对确保公民的健康幸福负有责任。这一实例清楚地说明了不作为会导致社区和居民长期受到问题的困扰。由于政府的失败之处在于没有准备好适宜的政策或是执行机制来应对此类污染问题，所以在控制污染上面政府表现得力不从心。管理者和政府官员没有提前采取措施来降低工业区的污染等级，造成了严重的空气污染。对许多健康已受到恶劣的空气损害的居民，污染的后果和影响是长期的潜移默化的。

补充说明

多诺拉镇空气污染事件促成了立法机构通过了干净空气和环境保护法案（Gammage，1998）。

1970 年美国尼亚加拉大瀑布拉芙运河化学垃圾污染事件

灾害第一阶段

现在你的身份是一座大型城市的城市经理。有两大片水域环绕你的城市。城市中的市民都是蓝领产业工人，他们工作的工厂构成了城市的经济命脉。城市人口迅速增长，让有关建设新住房的大型城市发展项目成为当务之急。当地学校董事会需要额外的土地进行建设，他们选择的场地之前是归一家公司所有的化学废弃物填埋地（Stoss and Fabian，1998）。尽管有人告诉学校董事会成员这块土地不适合使用，但是这家公司还是在学校董事会威胁要把这一大片土地充公后卖掉了这块地。

1. *会出现哪些问题?* 如果在化学废弃物填埋地旧址上的施工建设正在进行，你应该特别关注会渗入供水中的化学物质。你不能允许在化学废弃物填埋地旧址上修建任何类型的居民住房，对施工公司的新住房发展建设项目应拒不允许通过。

2. *为确保居民安全，你应该采取哪些措施?* 你应该联系学校董事会和校区监管人，向他们表示你对在化学废弃物填埋地旧址上建设新学校的担忧。此外，你应该坚持在任何这样的工程开工建设之先要进行环境影响研究。

3. *你需要哪些资源来应对问题？* 你可能非常需要法律代表在工程开工前阻止其施工。你可能还需要向监管环境和健康事务的州和联邦机构表达你的担忧。

4. *你的通信联络方案是什么？* 你应该与城市委员会和校区官员保持密切联系。

灾害第二阶段

学校董事会开始在曾作为化学废弃物填埋地的土地上建设新学校。甚至曾拥有这块土地的公司在将其卖给学校董事会后，都严肃地表达了在此地建设学校并不安全的看法（Zuesse，1981）。学校不得不重新选址修建，是因为在施工过程中发现了两个满是化学物质的坑洞。你也获悉到化学物质已经渗进了临近学校施工现场的排污系统。这一区域居住的都是低收入的居民（Davids，2009）。

1. *你的行动方案是什么？* 如果校区继续进行施工项目，你应该寻找法律禁令勒令其停止施工。此外，你应该对州和联邦官员施加更大的压力，让他们投入更多的精力来处理这一可能影响到排污系统以及可能会污染全市供水的施工项目。

2. *你的通信联络方案是什么？* 由施工建设学校引发的问题需要与选举产生的官员和居民进行有效沟通。

3. *你计划如何应对媒体？* 你需要让媒体介入此事，以便向校区施加舆论压力，迫使其放弃施工项目和这片毒地。

灾害第三阶段

房屋业主协会（homeowners association）的居民开始发现他们的孩子出现了严重的健康问题，包括有癫痫和重度哮喘（Turmoil and Fever，2007）。你现在意识到住房区有一整部分是建在 21000 吨化学废弃物上面的（Goldman Environmental Foundation，2007）。由于缺少城市官员（你的工作人员）的行动，居民组织了一个联盟，试图让媒体和政府官员意识到在这部分住宅区里生病人数在增加，婴儿出现了先天缺陷（Beck，1979）。

1. *你的行动方案是什么？* 你需要向居民展现出你将会就此问题采取措施的姿态。消极怠工的城市工作人员需要对其进行训斥，重新分配工作或是革除他们的职务。城市可以为居民做到的所有事情都要予以落实（比如检测地方供水系统）。应通过法律或立法手段强制当初填埋化学废弃物的公司把化学废弃物现场清理干净。

2. *你的通信联络方案是什么？* 你应该联系州和联邦官员来协同解决问题。你也应该让公众安心，告知公众正在采取措施解决问题，城市将尽全力采取一切手段来弥补在环境问题上的严重疏忽。

灾害第四阶段

建在化学废弃物填埋场上的学校已经被拆除，但是学校董事会和之前拥有土地的公司却拒绝承担任何责任（University of Buffalo Libraries，2007）。美国总统刚刚宣布周边地区进入联邦紧急状态，此住宅区的所有居民都要转移出来重新进行安置（University of Buffalo Libraries，2007）。政府不仅重新安置了居民，也为他们买下了住房。

1. *你的行动方案是什么？* 能够把居民重新安置进令人满意的临时住房的各项活动都是你应该积极与之合作的对象。为化解危机，你也应该与联邦官员密切合作。

2. *你应该开始分配哪些资源？* 你需要把钱存入一个诉讼基金，不仅用于控告校区和公司的玩忽职守，也保护城市免受起诉。

灾害第五阶段

国会刚刚通过了综合环境反应，赔偿与责任法案（Comprehensive Environmental Response，Compensation and Liability Act，CERCLA）。法案要求该公司承担在其主导下污染物所造成危害的责任（Local Government Environmental Assistance Network，2007）。环境保护局成功起诉该公司，其需支付1.29亿美元用于清理住宅区的化学废弃物（U. S. Department of Justice，1995）。

1. *你的新行动方案是什么？* 你需要找出，这块土地除了居住以外是否还有其他有用的用途。如果这片土地确实可为他用，你需要制定出预算案来帮助这块饱受填埋的化学废弃物毒害的土地重新复兴。

2. *你将如何协助政府进行调查？* 你应该向政府调查人员提供任何需要的信息。

3. *你将如何保障城市其他区域的安全？* 今后你应该确保城市监察人员要有一份必须经建筑监察部门签署同意的严格的建筑条例可供使用，也要让检查人员在施工建设前先进行环境影响调查研究。

实例分析引申出的主要问题

管理者在道德上和职业上都有责任保护市民不受可能会引发健康问题的物品的侵害。管理者和地方官员从不应该忽视或否定现存的问题。管理者应该严肃对待居民关心的问题，并调查会对社区产生消极影响的合乎情理的关切问题。如果发现了问题，管理者应该果断行动，顺利解决各种问题。

没有让相关化工行业担起处理化学废弃物的责任，是这一研究实例中的第一处败笔，这导致了之后社区居民的惶惶不安。此外，学校董事会忽视化学公司的警告，执意在化学废弃物之上修建起学校，这让该事件进入居民把染上的恶疾归咎于埋在地下的化学品的阶段。大量婴儿的先天缺陷和种种疾病似乎和向拉芙运河中倾倒的化学垃圾有关，这些健康问题对居民的影响都是长期的。总之，地方政府没有像本来应该做的那样从化学公司处理化学废弃物的过程开始对公众进行保护。

补充说明

拉芙运河区域内的居民房屋几乎全部被拆除。新的发展方案始于 20 世纪 90 年代。

1979 年美国宾夕法尼亚州三里岛核事故

灾害第一阶段

现在你的身份是美国核能管理委员会（Nuclear Regulatory Commission，NRC）一名负责人，由你负责监督核电站的安全和安保工作。有一座核电站的位置离有 25000 多人居住的地区很近（Washington Post，1999）。你收到报告称此核电站一处用于冷却反应堆的主要给水泵发生了故障（Cantelon and Williams，1982）。

1. *你的行动方案是什么？*你应该派应急反应团队前往反应堆查明快速修好水泵的方法。但是，如果核电站的核燃料发生熔化，放射性同位素进入大气，居民就会受到潜在放射性泄漏物质的影响，所以你也应该命令附近居民进行疏散。

2. *你的通信联络方案是什么？*你应该把问题通知给联邦、州和地方官员，并随事件进展实时向他们通报。你也应该就核电站情况和其会影响到附近居民的潜在危险告知给公众。

3. *你应该分配哪些资源来应对危机？*你应该迅速召集工程师团队，或是修理水泵，或是找出冷却反应堆的替代方法。

灾害第二阶段

由于主要给水泵失灵，蒸汽发生器无法从反应堆中提取出热能。这导致涡轮机停转，反应堆停堆（Cantelon and Williams，1982）。降低反应堆压力的先导式减压阀由于故障一直处于打开状态（Nuclear Regulatory Commission，2007）。由于此问题，堆内温度开始变得过高（American Chemical Society，1986）。

1. *你的行动方案是什么？*你需要确定常规的冷却方法是否已经失效或不起作用，然后需要让工程师找到冷却反应堆的替代方法。由于燃料可能已经发生熔化，在核电站的工作人员需要配有防护设备和辐射探测徽章。你还需要通知附近医院燃料可能发生熔化，并要求其准备好救治遭辐射人员的医疗物资。

2. *你的通信联络方案是什么？*你应该与联邦、州地方官员保持密切联系，让他们了解情况的实时发展。

灾害第三阶段

由于人为操作或管理上的错误，反应堆备用给水泵的五个阀门中有两个处于闭合状态。现在备用给水泵的阀门都已为使用应急冷却剂而开启，冷却剂正在被注入反应堆。但是由于系统水指示器显示错误，核电站操作人员关闭了应急堆芯冷却泵。放射性冷却剂泄漏进安全壳里面（American Chemical Society，1986）。水位过低造成反应堆堆芯顶部暴露在空气中，堆芯温度上升。产生的反应已经对锆核燃料棒表层产生了损害，导致安全壳内发生了一次明显的爆炸（Three Mile Island Alert，2007）。

1. *你的行动方案是什么？* 你需要向反应堆堆芯灌注水源，冷却堆芯使其重回安全级别。现在应该记录空气样本质量读数，了解是否已有放射性物质泄漏到大气中。

2. *你的通信联络方案是什么？* 由于安全壳可能已经失去了安全保障的作用，你应该告诉附近可能受到放射性物质影响的区域马上进行疏散。此外由于放射性物质泄漏会影响到国家的许多区域和地区，你还应该把情况通知给联邦、州和地方的官员。

灾害第四阶段

核电站已被高放射级别的放射物所污染。上午 7 时，你宣布核电站区域进入紧急状态（Cantelon and Williams，1982）。30 分钟后你又将紧急事件的级别提升至最严重类别（President's Commission on the Accident at Three Mile Island，2006）。反应堆堆芯大部分已经熔化。在把放射性惰性气体排入大气的同时，为了减少反应堆产生的水蒸气和氢气，复合装置也派上了用场（Three Mile Island Alert，2007）。

1. *你的行动方案是什么？* 你最应该担心的是反应堆能否得到彻底的降温，不让其再次造成危害。然后你应该确保放射性物质没有从核电站中泄漏出去。

2. *你将如何应对公众？* 你应该公开反应堆熔化情况。你还应该对核电站附近和周边社区积极开展放射性物质检测来缓解公众对核电站的恐惧情绪。

实例分析引申出的主要问题

技术问题可以导致出现像实例中这样的大规模损害。掌控技术的人员，需要有多种能够准确对系统进行量度的方法，来预防其中一种方法的失灵，因此准备好备用的系统大有必要。此外，应对诸如此类技术问题时，管理者应该有相关专家予以支持。在危机时期，如有必要，可以召集这些专家来化解难题。

这一分析实例的事故原因包括设备和操作两方面。设备问题（即仪表读数不准确）本应可以通过使用能够准确进行量度的备用方法来避免。此外，在人工操作上出现的失误，可能是由于操作人员压力过大或是没有经过足以应对此类事件的培训。

补充说明

三里岛的清理工作花费了9.73亿美元，还一定要从这里转移出1亿吨放射性燃料（Uranium Information Centre Ltd.，2001）。三里岛核事故是美国历史上最严重的商用核反应堆事故（USNRC，2011）。

1986年乌克兰切尔诺贝利核事故

灾害第一阶段

现在你的身份是苏联一名核能科学的管理者，所有的核电站都由你负责管理。在乌克兰境内有一座核电站位置靠近俄罗斯和白俄罗斯边境。该核电站内的工作人员并没有受过完备的训练，而核电站本身也存在建有四个核反应堆的设计缺陷。在切尔诺贝利核电站方圆30公里的范围内居住着115000~135000名居民（World Nuclear Association，2012）。1986年4月26日，你接到电话称切尔诺贝利核电站发生了两起爆炸事故。

1. *你的行动方案是什么？* 你需要采取的最重要的行动，是派遣身穿危险品防护服的一线救援人员和核工程师前往事发核电站，查清其是否有放射性物质泄漏出来。如果泄漏事故发生或是反应堆被毁，那么之后你需要调配适当的资源来关停设施并阻止放射性同位素进入核电站附近的空气、水或土壤之中。其次，如果放射性同位素已经从核电站泄漏出来进入空气中，那么你需要拿出能够对切尔诺贝利核电站附近居民进行疏散的方案。再次，你需要汇总出区域内可用医疗资源和疏散车辆的清单，如有需求，则可以动用这些资源。

2. *你的通信联络方案是什么？* 及时查清此时核电站情况和放射性物质所处状态，对你来说至关重要。不知晓这些信息，就不可能制定出有效的补救方案，也无法判断居民是否需要疏散。你需要向中央政府和地方政府通报情况，以便他们可以向公众发表恰当的声明，并为你筹集需要用来应对反应堆的资源。

3. *你应该分配哪些资源来应对危机？* 具有核工程工作常识的人，医疗资源以及配有恰当防护设备的消防员都应该动用。发生紧急事件时可以用于疏散居民的车辆和可供医疗人员使用的设施，也应该于此时都找到它们的位置。

灾害第二阶段

你接到通知，爆炸摧毁了4号反应堆，造成2名工人死亡，放射性物质泄漏进空气中。此外，6 名正在灭火的消防员全部遭辐射致死。为防止放射性物质进一步扩散，反应堆已被注满水，同时直升机将 5000 吨的硼、白云石、沙子、黏土和铅直接洒向反应堆堆芯。由工作人员操作不当造成的反应堆熔化和爆炸已经让放射性物质不受控制地大量泄漏进空气中（World Nuclear Association，2012）。

1. *你的行动方案是什么？* 疏散切尔诺贝利核电站附近居民的工作，此时应该已经全面展开。不管居民所在何处，只要其靠近飘在空中的外泄放射性物质就都应该予以疏散和重新安置。随着使用可以找到的直升机来疏散染上放射性疾病的居民，你应该在可能受到外泄放射物影响之外的市镇，确立起医疗优先救治原则。此外，你还需要制定出一个阻止放射性物质从暴露的堆芯里继续泄漏的方案。

2. *你的通信联络方案是什么？* 放射性物质已经进入空气成为辐射尘。政府现在应该把情况告知给公众和处在辐射尘波及范围内的其他国家。此外，你也应该联系周边国家寻求治疗遭辐射人员，以及控制放射性物质从露天反应堆泄漏的援助。

3. *你应该分配哪些资源来应对危机？* 危机发展到此时，居民对于医疗人员设施和可以用于治疗遭辐射的药剂需求极大。你现在需要为逃出的难民修建临时住所，也需要有尽可能多的车辆可以由你调配，把居民运送至这些临时住所或是送至医院。临时避难区需要食物、水和卫生设施来满足疏散至此的居民的需求。

灾害第三阶段

现在居民已经得到疏散，建起的围堰也已控制住了从反应堆泄漏的放射性物质，并保证了第 1、2、3 号反应堆正常运转供电。人们迅速建成了围堰建筑，但是还需要有一个一劳永逸的方法来解决被毁堆芯内残存的放射性物质的问题（World Nuclear Association，2012）。

1. *你的行动方案是什么？* 你需要想出一些策略，来解决重新安置从切尔诺贝利核电站附近撤出的居民的问题。然后，对于那些受到泄漏进空气中放射性物质辐射或影响的受害者，你需要为他们制定一份长期医疗救治方案。最后，你需要对现在正常运转的所有反应堆进行检查，查看它们在设计上是否存有缺陷。如果发现有缺陷，你需要计划对这些反应堆进行改建，避免重蹈切尔诺贝利核电站反应堆熔化的覆辙。

2. *你的通信联络方案是什么？* 你应该通知政府有关反应堆设计缺陷的问题，也应该告知：尽管匆匆建成了围堰建筑，但最终还是需要在以后想出更为永久的解决方式。

3. *你应该分配哪些资源来应对危机？* 你需要有核工程师来查清是否其他核电站也需要改建或是关闭，以确保以后不会再发生反应堆熔化事故。核电站的工作人员需要得到更为完善的培训，为了达到此目的将需要调拨培训资金。由于有大量人员遭到放射性物质的辐射，医疗资源的使用消耗将是一个长期的问题。

实例分析引申出的主要问题

这一实例所要应对的，是一个完全不懂核反应堆安全为何物的封闭社会。没有经过有效培训的工作人员和核电站设计上的缺陷，让问题并不在于灾害是否会发生，而是在于灾害会于何时发生。如果发生像实例中那样大规模的灾害，快速动员一线救援人员、工程师、医疗人员以及相关资源是非常必要的。灾害不仅会影响到核电站附近地区，也会影响到与核电站所在国接壤的许多国家（World Nuclear Association，2012）。

补充说明

切尔诺贝利核电站事故造成的人员伤亡在多年以后依然对乌克兰、白俄罗斯和俄罗斯有着挥之不去的影响。其对乌克兰的影响尤为显著，乌克兰有 8000 人死亡，125000 人的健康受到辐射影响。与之相似，在白俄罗斯估计有 200 万人出现的健康问题与 1986 年的放射性物质产生的辐射有关。而俄罗斯估计有超过 370000 人有与放射性物质辐射相关的疾病（Gunter，1995）。

2007 年美国得克萨斯农工大学（Texas A&M University）违规使用生物危险品事件

灾害第一阶段

现在你的身份是美国疾病控制和预防中心（CDC）的一名调查人员。你刚刚收到一份医院的病例记录，来自一所大型大学的实验室员工在一次雾化室事故中染上了细菌（Sunshine Project，2007）。这一事件的发生时间在一年前，而联邦导则明确规定了此类事件应该在员工接触细菌后的 7 天之内向上级报告。由于接触了细菌，这名员工至少服用了 2 个月的抗生素（Sunshine Project，2007）。这些事件与联邦资助的研究项目有关。巧合的是这所大学正在争取获得联邦一笔 4.5 亿美元的生物防御拨款（Brainard and Fischer，2007）。

1. *你的行动方案是什么？* 身为一名调查人员，你的职责是彻查这所大学的实验操作方式、书面实验程序、工作人员以及学校需向联邦政府报告的实验选用用试剂（像炭疽杆菌等生物毒素）。执行这样的检查，必须审阅所有的档案文件，与处理管制试剂的工作人员谈话，与监督包括生物毒素在内的研究项目的校方管理人员谈话。如有可能，你也一定要与暴露在管制试剂环境下的工作人员谈话，确定他们就暴露在管制试剂环境下有什么看法，以便作为他们医疗记录信息的补充。

2. *你的通信联络方案是什么？* 调查团队需要与研究合约或研究经费涉及的任何机构

进行联系（如果可行的话），也要与学校的上层官员保持联系。

3. *你将如何确保校内人群和校外周边人群的安全？*在完成调查和搜集齐所有证据之前，任何有关生物毒素的研究都应该暂缓进行，等待公布调查结果。学校内经授权可以处理管制试剂的工作人员应被暂时撤回对其授权，等待进一步通知。此外，具有研究性质需要公开使用管制试剂的联邦合同和拨款在得到进一步通知之前都不得落实。

灾害第二阶段

你刚刚收到通知，同一大学的三名研究人员接触到了被疾病控制中心认定为需要严格限制的管制试剂 Q 型发热病毒（Hill，2007）。这起事件似乎发生在你早些时候知晓接触细菌事件的两个月之后。你现在仍然在等待学校对一年多以前的此事提交一份书面报告（Hill，2007）。再一次重申，7 天是一所机构理应向疾病控制中心提交报告的最长时限。

1. *你的行动方案是什么？*身为调查人员，你应该让校方清楚了解其现在缺少记录文件的行为是完全不可接受的。你可以进一步向你的机构提建议，如果调查人员无法收到其要求校方提交的书面报告以及事件过程始末，各研究领域的联邦合同和拨款都可在你的机构的提议下暂缓落实。此时，你应该着手编写出一份将要面对刑事或民事指控的人员名单，并开始收集他们违反联邦法规、妨碍执行公务的证据。

2. *你的通信联络方案是什么？*你应该坚持与正在接受调查的校方上层管理机构保持通信联系，并向你的部门实时通报调查情况进展。

灾害第三阶段

你得知校方在知晓此事后选择不向疾病控制中心就事件提交报告，对此你感到很失望（Sunshine Project，2007）。该大学临时校长认为校方符合疾病控制中心各项政策，接触过 Q 型发热病毒的研究人员没有一人染上疾病（Schnirring，2007）。你决定，必须派遣由你的管制试剂和毒素办公室（Select Agent and Toxins Division）人员组成的调查团队前往检查该校实验室设施（Schnirring，2007）。你的调查人员已经发现了许多知道接触管制试剂事件的研究人员和管理者，但他们都未按法律要求向疾病控制中心提交报告。此外，你的 18 人调查团队发现了如下问题：

- 物品清单中少了三小瓶微生物；
- 正在进行的研究没有经过疾病控制中心批准擅自使用限制性细菌；
- 实验员没有为防止感染穿着正确的安全服或佩戴正确的面具；
- 净化去污程序不得当；

- 至少出现七例未经疾病控制中心授权的工作人员接触生物成分的案例（Brainard and Hermes，2007）。

1. *你的行动方案是什么？* 在校方重视疾病控制中心发现的问题，对其研究活动和管制试剂操作程序做出改进之前，校方涉及生物毒素和管制试剂的研究项目都应被无限期中止。此外，任何接触过违背联邦法规的管制试剂的研究人员不论其受哪家大学或研究中心聘用，都不应被允许继续接触生物毒素，直到疾病控制中心明确其可以这么做为止。

2. *你的通信联络新方案是什么？* 你需要告知校方你完全无法接受其阻碍执行公务和对联邦授权妄自加以解释的行为。研究产出从不应该牺牲安全，也从不应该优先于联邦授权。如果对这两个标准置若罔闻，研究项目就会潜在给研究者、管理者和校方造成严重的后果。

实例分析引申出的主要问题

如有事件发生，管理者应按法规上报违规报告。高校的管理者也应该与联邦官员合作解决任何可能出现的违规或不符安全要求的情况。校方不与联邦官员合作会导致员工和学生出现伤亡，也会让管理者受到刑事违法的指控、制裁以及民事诉讼。

这一实例中的最大失误，是校方没有按法律要求向联邦政府报告其使用了生物危险品，实例第二个失误，是校方没有意识到学校也受联邦法规的约束，反而认为生物安全性导则仅仅是给学校管理者提供的参考建议。

得克萨斯农工大学与生物研究有关的联邦拨款至少被推迟了两个月才发放（对 5 个不同的研究实验室和 120 名工作人员产生影响的 1800 万美元研究资金），并且该校被禁止开展任何有关管制试剂的研究——这也是美国禁止的首类研究项目（Brainard and Fischer，2007）。得克萨斯农工大学被处以 100 万美元的罚款，也损失掉了价值 4.5 亿美元有关生物防护的大单（Cox，2008；Schnirring，2008）。

补充说明

环境健康与安全办公室（Environmental Health and Safety，EHS）主任因缺乏有效履行职责的权力辞去了职务，分管研究项目的副校长也引咎辞职（Haurwitz，2007）。

第四部分　最后的思考

结　论

在这本书中，分析实例的灾害场景都是真实发生过的。我们如实准确地向读者重现了围绕每场灾害发生的一连串事件和这些事件的进展状况。虽然我们捕捉到这些真实事件并加以分析，以期能够为缜密的决策过程提供决策背景，但是我们一点也不想描绘在实际灾害反应中管理者们的压力有多大、情绪是什么样的、怎样克服万难做出的决策。我们都知道，事后再去评价人们在灾害反应中本来能够做什么、本来应该做什么是有多么的容易，特别是有的人以后见之明来讨论这些事。可是，并不凑巧，在现实生活中，灾害事件的决策者们得到的信息不是不全，就是不连续，不能像事后那样一切都变得明朗，但是尽管如此他们还是要对灾害做出反应。缺乏信息，甚至得到错误信息都会影响决策者们的决策。这本书意在让管理者和一线救援人员重新思考如果当时情况完全不同，如果当时知道了关键信息，那么事件会朝什么样的方向发展。

从书中的实例也可以看到，事发时管理者所遇到的前所未有的形形色色的挑战。读者应该还记得书中记录的每一次灾害情况都不相同，遇到的问题都是独一无二的。对于通常由一线救援人员处理的如建筑失火、劫持人质这类常规事件，在管理者看来却会成为具有不同意义的特殊存在，因为他们需要拟定出灾害响应方案，需要独特的解决方法，需要灵活的决策机制。

管理者们应该对他们所在地区容易受到什么样的灾害威胁有一个大体的判断。比如，加利福尼亚地区的管理者就应该着重考虑地震带来的威胁，因为当地大量的社区都位于容易发生地震的断层上。要是社区离海岸线很近，那么地震的威胁就微乎其微，管理者要考虑的则是像飓风、洪水、海啸这样的灾害威胁。总之，当地什么灾害对社会组织结构影响最大，对防灾方案影响最大，管理者就应该着重考虑这种灾害的威胁。正如书中实例所体现的那样，不合时宜的应急方案会让管理者对事件失去控制，进而在挽救伤员上不得不采取守势。制定出恰如其分的应急方案、动员各方力量、未雨绸缪、另辟蹊径，具备了以上因素，管理者就可以做到预见并缓和可能发生的灾害，甚至或许从根本上阻止灾害的发生。

参考文献

9-11 Research. 2008. The victims. Who was killed in the September 11 attack. Retrieved November 22, 2008, from http://911research.wtc7.net/sept11/victims/index.html.

Ahlers, Mike M. 2004. 9/11 commission hears flight attendant's phone call. CNN Washington Bureau. Retrieved January 28, 2004, from http://edition.cnn.com/2004/US/01/27/911.commis.call/index.html.

American Chemical Society. 1986. *The Three Mile Island accident. Diagnosis and prognosis.* American Chemical Society.

Andres, Brad. 1997. The *Exxon Valdez* oil spill disrupted the breeding of black oystercatchers. *Journal of Wildlife Management*, vol. 10. Retrieved January 13, 2009, from http://www.jstor.org/stable/3802132?&Search=yes&term=exxon&term=valdez&list=hide&searchUri=%2Faction%2FdoBasicSearch%3FQuery%3Dexxon%2Bvaldez%26gw%3Djtx%26prq%3Dchilean%2Bearthquake%26hp%3D25%26wc%3Don&item=1&ttl=1130&returnArticleService=showArticle.

Angelfire. 2005. Havoc created from Hurricane Katrina. Retrieved August 29, 2005, from http://www.angelfire.com/ia3/katrina/USATODAY.

Arsenault, Mark. 2003. Great White: Performing again is the right thing. Retrieved July 31, 2003, from http://www.projo.com/extra/2003/stationfire/archive/projo_20030731_jackr31.55c1.html.

Arvich, Paul. 1984. *The Haymarket tragedy*. Princeton University Press.

Associated Press. 1980. Man who defined volcano gets marriage proposals. LexisNexis. Retrieved April 26, 1980, from http://www.lexisnexis.com/us/lnacademic/results/docview/docview.do?docLinkInd=true&risb=21_T5376184980&format=GNBFI&sort=null&startDocNo=1&resultsUrlKey=29_T5376186586&cisb=22_T5376186585&treeMax=true&treeWidth=0&csi=304478&docNo=1.

Associated Press. 1988. Few know about North America's deadliest fire. LexisNexis. Retrieved October 08, 1988, from http://www.lexisnexis.com/us/lnacademic/results/docview/docview.do?docLinkInd=true&risb=21_T5367979222&format=GNBFI&sort=RELEVANCE&startDocNo=1&resultsUrlKey=29_T5367979225&cisb=22_T5367979224&treeMax=true&treeWidth=0&csi=304478&docNo=7.

Associated Press. 2005a. Bush chooses new FEMA director. MSNBC. Retrieved September 13, 2005, from http://www.msnbc.msn.com/id/9315184/.

Associated Press. 2005b. Coastal evacuation in Texas. Fox News. Retrieved September 20, 2005, from http://www.foxnews.com/story/0,2933,169845,00.html.

Associated Press State and Local Wire. 2006. Some past moves by Alaska native villages. LexisNexis. Retrieved December 26, 2006, from http://www/lexisnexis.com/us/lnacademic/results/docview/docview/docview.do?risb=21_T2303058825&format=GNBFI&sort=RELEVANCE&startDocNo=1&resultsUrkey=29_T2303058828&cisb=22_T2303058827&treeMax=true&treeWidth=0&csi=304481&docNo=7.

Australian Broadcast Corporation. 2012. Black Saturday. Retrieved May 30, 2012, from http://www.abc.net.au/innovation/blacksaturday/#/stories/mosaic.

Ayers, Shirley. 2006. Bioterrorism in Oregon. Emergency Film Group. Retrieved January 6, 2009, from http://www.efilmgroup.com/News/Bioterrorism-in-Oregon.html.

Barnes, Allen. 2008. City manager of Sachse, TX.

Barron, James. 2003. After 1920 blast, the opposite of never forget, no memorials on Wall Street for attack that killed 30. *New York Times*. LexisNexis. Retrieved September 17, 2003, from http://www.lexisnexis.com/us/lnacademic/results/docview/docview.do?docLinkInd=true&risb=21_T5368032022&format=GNBFI&sort=RELEVANCE&startDocNo=1&resultsUrlKey=29_T5368032025&cisb=22_T5368032024&treeMax=true&treeWidth=0&csi=6742&docNo=1.

BBC. 1989. *Exxon Valdez* creates oil slick disaster. March 24. Retrieved January 13, 2009, from http://news.bbc.co.uk/onthisday/hi/dates/stories/march/24/newsid_4231000/4231971.stm.

BBC. 1993. World Trade Center bomb terrorizes New York. February 26. Retrieved January 14, 2009, from http://news.bbc.co.uk/onthisday/hi/dates/stories/february/26/newsid_2516000/2516469.stm.

BBC News. 2001. Libyan guilty of Lockerbie bombing. Retrieved November 29, 2011, from http://news.bbc.co.uk/2/hi/in_depth/1144893.stm.

BBC News. 2007a. Four charged over JFK bomb plot. June 3. Retrieved January 14, 2009, from http://news.bbc.co.uk/1/hi/world/americas/6715443.stm.

BBC News. 2007b. America's day of terror: Timeline. Retrieved September 12, 2001, from http://news.bbc.co.uk/2/hi/americas/1537785.stm.

BBC Weather. 2007. Great storms—Hurricane 1775. Retrieved December 12, 2007, from http://www.bbc.co.uk/weather/features/storms_hurricane2.shtml.

Beck, Eckardt. 1979. The Love Canal tragedy. U.S. Environmental Protection Agency. Retrieved December 17, 2008, from http://www.epa.gov/history/topics/lovecanal/01.htm.

Bellamy, Patrick. 2008. False prophet: The Aum cult of terror. TruTV Crime Library. October 30. Retrieved January 15, 2009, from http://www.trutv.com/library/crime/terrorists_spies/terrorists/prophet/19.html.

Berkley Seismological Lab. 2007. Where can I learn more about the 1906 earthquake? Retrieved August 22, 2007, from http://seismo.berkeley.edu/faq/1906_0.html.

Boise State University. 2008. Disasters: My darling Clementine. Retrieved January 6, 2009, from http://www.boisestate.edu/history/ncasner/hy210/mining.htm.

Boston Globe. 2010. The big picture: Remembering Katrina, five years ago. August 27. Retrieved March 8, 2011, from http://www.boston.com/bigpicture/2010/08/remembering_katrina_five_years.html.

Boulder News. 1999. Tragedy and recovery. April 20. Retrieved January 15, 2009, from http://www.boulderdailycamera.com/shooting/22chronology.html.

Brainard, Jeffery, and Fischer, Karen. 2007. Agency halts risky research on microbes at Texas A&M. *The Chronicle*. Retrieved July 13, 2007, from http://chronicle.com/weekly/v53/i45/45a00101.htm.

Brainard, Jeffery, and Hermes, J.J. 2007. Texas A&M faulted for safety violations. *The Chronicle*, vol. 54, no. 3, p. A19.

Broughton, Edward. 2005. The Bhopal disaster and its aftermath: A review. *BioMed Central: Environmental Health*, May 10. Retrieved May 29, 2012, from http://www.ncbi.nlm.nih.gov/pmc/articles/PMC1142333/.

Brown, Aaron. 2005. Hurricane Katrina pummels three states. CNN. Retrieved August 29, 2005, from http://transcripts.cnn.com/TRANSCRIPTS/0508/29/asb.01.html.

Brown, R.J. 2008. The day the clowns cried. History Buff. October 1. Retrieved January 12, 2009, from http://www.historybuff.com/library/reffire.html.

Brunner, Borgna. 2007. The great white hurricane. The blizzard of 1888: March 11–March 14, 1888. Information Please database. Retrieved December 4, 2007, from http://www.infoplease.com/spot/blizzard1.html.

Bullock, Jane A., Haddow, George D., and Haddow, Kim S. 2009. *Global warming, natural hazards, and emergency management*. Boca Raton, FL: Taylor and Francis Group.

Calvert, Scott. 2009. D.C.–area sniper John Allen Muhammad is executed. *Los Angeles Times*, November 11. Retrieved January 3, 2012, from http://articles.latimes.com/2009/nov/11/nation/na-sniper11.

Cantelon, Philip L., and Williams, Robert C. 1982. *Crisis contained*. The Department of Energy at Three Mile Island. Southern Illinois University, Carbondale, Illinois.

CBS Chicago.com. 2011. 125th anniversary for Haymarket Square conflict. CBS Chicago.com. May 4. Retrieved January 5, 2012, from http://chicago.cbslocal.com/2011/05/04/today-marks-the-125th-anniversary-of-haymarket-square-conflict/.

CBC News. 2003. Timeline: The attacks. CBC News: In Depth: Sniper Attacks. October 21. Retrieved January 3, 2012, from http://www.cbc.ca/news/background/sniper/timeline_attacks.html.

CBC News. 2004. Sniper attacks. CBC News: In Depth: Sniper Attacks. March 10. Retrieved January 3, 2012, from http://www.cbc.ca/news/background/sniper/index.html.

CBS News Online. 2003. Introduction. August 20. Retrieved January 15, 2009, from http://www.cbc.ca/news/background/poweroutage/.

CDC. 2007. Infectious disease information—Mosquito-borne diseases. National Center for Infectious Diseases. Retrieved November 21, 2011, from http://www.cdc.gov/ncidod/diseases/list_mosquitoborne.htm.

Chen, Pauline W. 2010. Tending to patients during a hurricane. *New York Times*, September 2. Retrieved March 8, 2011, from http://www.nytimes.com/2010/09/02/health/views/02chen.html?pagewanted=1&_r=1.

Chicago: City of the Century. 2003. People and events: The great fire of 1871. PBS Online. Retrieved December 19, 2008, from http://www.pbs.org/wgbh/amex/chicago/peopleevents/e_fire.html.

Cline, Isaac M. 2000. Converging paths: A man and a storm. The Weather Doctor. September 1. Retrieved December 19, 2008, from http://www.islandnet.com/~see/weather/history/icline2.htm.

Cooper, Bruce. 2011. A brief illustrated history of the palace hotel of San Francisco. Retrieved January 4, 2012, from http://thepalacehotel.org/.

CNN. 2002. Los Angeles riot still echoes a decade later. April 28. Retrieved November 29, 2011, from http://articles.cnn.com/2002-04-28/us/la.riot.anniversary_1_riot-white-truck-driver-lapd?_s=PM:US.

CNN U.S. 2008. NTSB: Design flaw led to Minnesota bridge collapse. November 14. Retrieved November 23, 2011, from http://articles.cnn.com/2008-11-14/us/bridge.collapse_1_gusset-plates-bridge-collapse-bridge-designs?_s=PM:US.

CNN U.S. 2010. Settlement reached in Minnesota bridge collapse case. August 23. Retrieved November 29, 2011, from http://www.cnn.com/2010/US/08/23/minnesota.bridge.settlement/index.html.

Court TV Online. 1999. Community reels in the aftermath of Colorado school massacre. April 21. Retrieved December 19, 2008, from http://www.courttv.com/archive/national/1999/0421/shooting_pm_ap.html.

Cox, Kevin. 1997. Devastating storm could happen again: Forecasters fear the kind of hurricane that swept up from the West Indies in 1775 killing thousands. The system actually grew stronger as it moved northward. *The Globe and Mail* (Canada). LexisNexis. Retrieved March 29, 1997, from http://www.lexisnexis.com/us/lnacademic/results/docview/docview.do?docLinkInd=true&risb=21_T5376101692&format=GNBFI&sort=RELEVANCE&startDocNo=1&resultsUrlKey=29_T5376101695&cisb=22_T5376101694&treeMax=true&treeWidth=0&csi=303830&docNo=1.

Cox, Stan. 2008. Bidding war for biowarfare labs: The germs next door. Counterpunch. March 26. Retrieved June 17, 2010, from http://www.counterpunch.org/cox03262008.html.

Dallaire, Elise. 2004. Storm of 1913—November 7 to 12, 1913. Storm is the greatest ever to strike the lakes. Retrieved January 12, 2009, from http://elisedallaire.com/44/the_storm_of_1913.htm.

Dan, Suri. 2003. Dan, Dan, the weatherman's world weather trivia page. July 28. Retrieved December 19, 2008, from http://www.dandantheweatherman.com/wortrivmay.html.

Dao, James. 2003. Polite but dogged, sniper suspect offers defense. *New York Times*, October 23. Retrieved January 3, 2012, from http://www.nytimes.com/2003/10/22/us/polite-but-dogged-sniper-suspect-offers-defense.html?partner=rssnyt&emc=rss.

Davids, Gavin. 2009. The Love Canal chemical waste dump. MSN.News. February 12. Retrieved January 4, 2012, from http://news.in.msn.com/gallery.aspx?cp-documentid=3460600&page=6.

The Day the Sky Turned Black. 2012. About Black Saturday. Retrieved May 30, 2012, from http://www.thedaytheskyturnedblack.com/#/about-black-saturday/4542166439.

Debartolo, Anthony. 1998. Who caused the great Chicago fire? A possible deathbed confession. March. Retrieved December 19, 2008, from http://www.hydeparkmedia.com/cohn.html.

Deepthi. 2007. Terrorism history timeline 1931–1940. Retrieved December 12, 2007, from http://history-timeline.deepthi.com/terrorism-history-timeline/terror-timeline-1931-1940.html.

Delk, James. 1992. The 1992 Los Angeles riots military operations in Los Angeles. California Military Museum, California State Military Department. September. Retrieved January 13, 2008, from http://www.militarymuseum.org/HistoryKingMilOps.html.

Diamond, Christine S. 2005. Hurricane zaps East Texas's power. Cox News Service. LexisNexis. September 25. Retrieved December 19, 2008, from http://www.lexisnexis.com/us/lnacademic/results/docview/docview.do?docLinkInd=true&risb=21_T5376108742&format=GNBFI&sort=RELEVANCE&startDocNo=1&resultsUrlKey=29_T5376108745&cisb=22_T5376108744&treeMax=true&treeWidth=0&csi=157001&docNo=1.

Douglas, Paul. 2005. *Restless skies: The ultimate weather book*. New York: Barnes & Noble Books.

Dubill, Christina. 2011. A look back at the Hyatt Regency skywalk disaster. nbcactionnews.com. July 13. Retrieved January 4, 2012, from http://www.nbcactionnews.com/dpp/news/local_news/a-look-back-at-the-hyatt-regency-skywalk-disaster.

Duke, Martin. 1960. The Chilean earthquakes of May 1960. JSTOR. December 16. Retrieved January 13, 2009, from http://www.jstor.org/stable/1706763?&Search=yes&term=earthquake&term=chilean&term=1960&list=hide&searchUri=%2Faction%2FdoBasicSearch%3FQuery%3Dchilean%2Bearthquake%2B1960%26gw%3Djtx%26prq%3Dchilean%2Bearthquake%26hp%3D25%26wc%3Don&item=10&ttl=272&returnArticleService=showArticle.

Easton, Pam. 2005. Hurricane Rita becomes a 175 mph monster, 1.3 million evacuated. Associated Press. LexisNexis. September 22. Retrieved December 19, 2008, from http://www.lexisnexis.com/us/lnacademic/results/docview/docview.do?docLinkInd=true&risb=21_T5376122070&format=GNBFI&sort=RELEVANCE&startDocNo=1&resultsUrlKey=29_T5376122079&cisb=22_T5376122078&treeMax=true&treeWidth=0&csi=304478&docNo=3.

Eberwine, Donna. 2005. Disaster myths that just won't die. *Perspectives in Health—The Magazine of the Pan American Health Organization*, vol. 10, no. 1. Retrieved January 4, 2012, from http://www.paho.org/english/dd/pin/Number21_article01.htm.

Evans, Blanche. 2007. 1906 San Francisco earthquake. Housing is valuable piece of history. *Realty Times*. Retrieved September 27, 2007, from http://realtytimes.com/rtpages/20060418_quakehistory.htm.

Falkenrath, Richard A., Newman, Robert D., and Thayer, Bradley A. 1998. *America's Achilles' heel: Nuclear, biological, and chemical terrorism and covert attack*. Cambridge, MA: The Belfer Center for Science International Affairs, John F. Kennedy School of Government, MIT Press, Cambridge, MA.

FBI. 2008. First strike: Global terror in America. U.S. Department of Justice. February 26. Retrieved January 14, 2009, from http://www.fbi.gov/page2/feb08/tradebom_022608.html.

FBI. 2009. Amerithrax investigation. Retrieved January 15, 2009, from http://www.fbi.gov/anthrax/amerithraxlinks.htm.

FEMA. 2010. Prepare for a disaster: Water. Retrieved March 14, 2011, from http://www.fema.gov/plan/prepare/water.shtm.

Fernicola, Richard G. 2001. *Twelve days of terror: A definitive investigation of the 1916 New Jersey sharks attacks*. Guilford, CT: Lyons Press.

Field Museum. 2007. Lions of Tsavo. Retrieved May 29, 2012, from http://archive.fieldmuseum.org/exhibits/exhibit_sites/tsavo/maneaters.html.

Fortili, Amy. 2003. Horrific fire stuns Rhode Island, tops headlines in 2003. *Boston News*, December 27. Retrieved December 19, 2008, from http://www.boston.com/news/specials/year_in_review/2003/articles/ri_top_stories/.

Frank, Neil L. 2003. The great Galveston hurricane of 1900. Retrieved December 19, 2008, from http://www.agu.org/pubs/booksales/hurricane/Chapter_05galveston.pdf.

Galveston Newspapers. 2007. An island washed away. Retrieved December 12, 2007, from http://www.1900storm.com/storm/storm3.lasso.

Gammage, Jeff. 1998. 20 died. The government took heed. In 1948, a killer fog spurred air cleanup. *Philadelphia Inquirer*, October 29. Retrieved January 13, 2009, from http://www.depweb.state.pa.us/heritage/cwp/view.asp?a=3&Q=533403&PM=1#marker.

Gold, Scott. 2005. Trapped in the Superdome: Refuge becomes a hellhole. *Seattle Times*, September 1. Retrieved March 8, 2011, from http://seattletimes.nwsource.com/html/hurricanekatrina/2002463400_katrinasuperdome01.html.

Goldman Environmental Foundation. 2007. Lois Gibbs. Retrieved October 2007 from http://www.goldmanprize.org/node/103.

Goldman, Julianna. 2011. Bin Laden killing by U.S. forces praised as officials ready for reprisals. *Bloomberg*, May 2. Retrieved December 1, 2011, from http://www.bloomberg.com/news/2011-05-02/osama-bin-laden-killed-in-u-s-operation-obama-says-in-address-to-nation.html.

Gray, Madison. 2008. The L.A. riots: 15 years after Rodney King. Time in partnership with CNN. October 28. Retrieved January 13, 2009, from http://www.time.com/time/specials/2007/la_riot/article/0,28804,1614117_1614084,00.html.

Greene, R.W. 2002. *Confronting catastrophe: A GIS handbook*. Redlands, CA: ESRI.

Greer, William. 1986. As people move to forest, threat from the fires is rising. *New York Times*. LexisNexis. Retrieved December 19, 2008, from http://www.lexisnexis.com/us/lnacademic/results/docview/docview.do?docLinkInd=true&risb=21_T5398704491&format=GNBFI&sort=RELEVANCE&startDocNo=1&resultsUrlKey=29_T5398704497&cisb=22_T5398704496&treeMax=true&treeWidth=295&selRCNodeID=54&nodeStateId=411en_US,1,53&docsInCategory=43&csi=6742&docNo=3.

Gross, Daniel. 2001. Previous terror on Wall Street. A look at a 1920 bombing. September 20. Retrieved December 19, 2008, from http://www.thestreet.com/comment/ballotdance/10001305.html.

Gunter, Paul. 1995. Reactor Watchdog Project: Chernobyl: Basic facts. Nuclear Information and Resource Service. Retrieved May 30, 2012, from http://www.nirs.org/reactorwatch/accidents/cherfact.htm.

H2g2. 2001. How May Day became worker's holiday. October 4. Retrieved December 19, 2008, from http://www.bbc.co.uk/dna/h2g2/A627662.

Haurwitz, Ralph K.M. 2007. A&M lab safety chief resigns: Campus president to address federal report on shortcomings today. *Austin American–Statesman*. Retrieved September 6, 2007, from http://www.statesman.com/news/content/news/stories/local/09/06/0906am.html.

Hays, Jeffrey. 2010. Facts and details. Sichuan earthquake, poorly-built schools, activists and parents. Retrieved May 31, 2012, from http://factsanddetails.com/china.php?itemid=1020&catid=10&subcatid=65.

Hays, Kristen. 2005. Houstonians rethinking storm preparedness. Associated Press. September 27. Retrieved January 13, 2009, from http://www.wfaa.com/sharedcontent/nationworld/hurricaneRita/stories/092705ccRitawchouprep.d2ac3308.html.

Heimlich, Janet, and Edwards, Bob. 1998. University may reopen tower. NPR Morning Edition. LexisNexis. November 11. Retrieved December 19, 2008, from http://www.lexisnexis.com/us/lnacademic/results/docview/docview.do?docLinkInd=true&risb=21_T5376162105&format=GNBFI&sort=RELEVANCE&startDocNo=1&resultsUrlKey=29_T5376162120&cisb=22_T5376162119&treeMax=true&treeWidth=0&csi=8398&docNo=3.

Hill, Michael. 2012. Black Saturday. *Wildfire Magazine*. Retrieved May 30, 2012, from http://wildfiremag.com/tactics/black-saturday-bushfire-lessons-200905/.

Hill, Todd. 2007. Biological agent infects A&M scientists ... again. Burnt Orange Report. Retrieved June 27, 2007, from http://www.burntorangereport.com/showDiary.do?diaryId=3728.

Hipke, Deana C. 2007a. The great Peshtigo fire of 1871. Retrieved November 30, 2007, from http://www.peshtogofire.info/gallery/burntmap.htm.

Hipke, Deana C. 2007b. The great Peshtigo fire of 1871. Retrieved November 30, 2007, from http://www.peshtigofire.info/gallery/birdseye1871.htm.

Homeland Security. 2011c. Creation of the Department of Homeland Security. Retrieved December 1, 2011, from http://www.dhs.gov/xabout/history/gc_1297963906741.shtm.

Hurricane Headquarters. 2007. Hurricane Rita. CNN News. Retrieved December 12, 2007, from http://www.cnn.com/SPECIALS/2005/hurricanes/interactive/fullpage.hurricanes/rita.html.

Ishman, Zach. 2001. Newspaper coverage of the tri-state tornado ravage of Murphysboro. Illinois Periodicals Online, Northern University Libraries. December 11. Retrieved January 12, 2009, http://www.lib.niu.edu/2001/ihy011210.html.

Ivry, Benjamin. 2007. Sacco and Venzetti: Murders or martyrs? *Washington Times*. LexisNexis. August 24. Retrieved December 19, 2008, from http://www.lexisnexis.com/us/lnacademic/results/docview/docview.do?docLinkInd=true&risb=21_T5376217695&format=GNBFI&sort=RELEVANCE&startDocNo=1&resultsUrlKey=29_T5376219000&cisb=22_T5376217699&treeMax=true&treeWidth=0&csi=8176&docNo=2.

Jeter, Jon. 1997. Letter from Chicago, putting a myth out to pasture. *Washington Post*. LexisNexis. October 29. Retrieved December 19, 2008, from http://www.lexisnexis.com/us/lnacademic/results/docview/docview.do?docLinkInd=true&risb=21_T5398600316&format=GNBFI&sort=RELEVANCE&startDocNo=1&resultsUrlKey=29_T5398600319&cisb=22_T5398600318&treeMax=true&treeWidth=0&selRCNodeID=64&nodeStateId=411en_US,1,63&docsInCategory=4&csi=8075&docNo=3.

Johnstown Flood Museum. 2012. The complete story of the 1889 disaster. Johnstown Flood Museum. Retrieved January 6, 2012, from http://www.jaha.org/FloodMuseum/history.html.

Joint Australian Tsunami Warning Center. 2008. The 1 April 1946 Aleutian earthquake and tsunami. Bureau of Meteorology. October 7. Retrieved January 12, 2009, from http://www.bom.gov.au/tsunami/tsunami_1946.shtml.

Karl Kuenning RFL. 2005. Great White fire. January 30. Retrieved December 19, 2008, from http://www.roadiebook.com/greatwhitefire.htm.

Keen, Judy. 2007. Minn. Bridge warning issued in 1990. *USA Today*, August 6. Retrieved January 14, 2009, from http://www.usatoday.com/news/nation/2007-08-02-minneapolis-bridge_N.htm.

Klinenberg, Eric. 2004. Heat wave of 1995. Encyclopedia of Chicago. Retrieved January 14, 2009, from http://www.encyclopedia.chicagohistory.org/pages/2433.html.

Knabb, Richard D., Brown, Daniel P., and Rhome, Jamie R. 2006. Tropical cyclone report Hurricane Rita. National Hurricane Center. March 17. Retrieved January 3, 2012, from http://www.nhc.noaa.gov/pdf/TCR-AL182005_Rita.pdf.

Kurtenbach, Elaine, and Foreman, William. 2008. China quake shows flaws in building boom. *USA Today*, May 14. Retrieved May 31, 2012, from http://www.usatoday.com/money/economy/2008-05-14-3651640224_x.htm.

Landy, Marc. 2008. *Mega-disasters and federalism*. Public Administration Review, American Society for Public Administration, suppl. to vol. 68. Hoboken, NJ: John Wiley & Sons.

Lane County of Oregon. 2008. The history of West Nile Virus. November 10. Retrieved January 15, 2009, from http://www.lanecounty.org/CAO_PIO/westnilevirus/2_History.htm.

Lavergne, Gary M. 1997. *A sniper in the tower: The Charles Whitman murders*. Denton, TX: University of North Texas Press.

Lester, Paul. 2006. *The great Galveston disaster*. Denton, TX: The University of North Texas Libraries, Pelican Publishing Company.

Local Government Environmental Assistance Network. 2007. Comprehensive Environmental Response, Compensation and Liability Act. Retrieved October 2007 from http://www.lgean.org/html/fedregsguide/ve.cfm.

Long, Merritt. 2008. History of the Great Chicago Fire of 1871. *My Firefighter Nation*, February 3. Retrieved January 4, 2012, from http://my.firefighternation.com/group/firefightinghistorymyths/forum/topics/889755:Topic:341669.

Louisiana Homeland Security and Emergency Preparedness. 2007. 2006 Louisiana citizen awareness and disaster evacuation guides. Retrieved August 2, 2007, from http://www.ohsep.louisiana.gov/evacinfo/stateevacrtes.htm.

Macaulay, Tyson. 2009. *Critical infrastructure: Understanding its component parts, vulnerabilities, operating risks, and interdependencies*. Boca Raton, FL: CRC Press, Taylor and Francis Group.

Macleod, Marlee. 2007a. Charles Whitman: The Texas tower sniper. Court TV Crime Library. Retrieved November 9, 2007, from http://www.crimelibrary.com/notorious_murders/mass/whitman/preparations_4.html.

Macleod, Marlee. 2007b. Charles Whitman: The Texas tower sniper. Court TV Crime Library. Retrieved November 9, 2007, from http://www.crimelibrary.com/notorious_murders/mass/whitman/battle_5.html.

Macleod, Marlee. 2007c. Charles Whitman: The Texas tower sniper. Court TV Crime Library. Retrieved November 9, 2007, from http://www.crimelibrary.com/notorious_murders/mass/whitman/tower_6.html.

Madigan, Erin. 2004. Nightclub fire prompts new fireworks laws. Stateline. July 3. Retrieved December 19, 2008, from http://www.stateline.org/live/ViewPage.action?siteNodeId=136&languageId=1&contentId=15304.

Manning, Lona. 2006. 9/16: Terrorists bomb Wall Street. *Crime Magazine*, January 25. Retrieved December 19, 2008, from http://crimemagazine.com/06/wallstreetbomb,0115-6.htm.

Mansbridge, Tara. 2003. Viewpoint: A city hiding in fear. CBC News: In Depth: Sniper Attacks. October 10. Retrieved January 3, 2012, from http://www.cbc.ca/news/background/sniper/mansbridge_viewpoint.html.

Martin, Rachel. 1999. Hyatt Regency walkway collapse. Kansas, Missouri. July 17, 1981. December 6. Retrieved December 19, 2008, from http://www.eng.uab.edu/cee/faculty/ndelatte/case_studies_project/Hyatt%20Regency/hyatt.htm#Causes.

McCabe, Scott. 2009. Crime history—Haymarket Square bomb kills 8 in Chicago. *Washington Examiner—Crime Reports*. Retrieved June 18, 2012, from http://washingtonexaminer.com/local/crime/2009/05/crime-history-haymarket-square-bomb-kills-8-chicago/106907.

McLeod, Jaime. 2011. The big blow: The Great Lakes blizzard of 1913. *Farmer's Almanac*, October 31. Retrieved January 5, 2012, from http://www.farmersalmanac.com/weather/2011/10/31/the-big-blow-the-great-lakes-blizzard-of-1913/.

Michel, Lou, and Herbeck, Dan. 2001. *American terrorist: Timothy McVeigh and the Oklahoma City bombing*. New York: Regan Books.

Mine Safety and Health Administration. 2008. 1907 Fairmont Coal Company mining disaster: Monongah, West Virginia. U.S. Department of Labor. September 24. Retrieved from http://www.msha.gov/disaster/monongah/monon1.asp.

Minkel, J.R. 2008. The 2003 northeastern blackout—Five years later. *Scientific American*, August 13. Retrieved November 23, 2011, from http://www.scientificamerican.com/article.cfm?id=2003-blackout-five-years-later.

Monitor Reporter. 2012. The Uganda railway that had death and method to its lunacy. *Daily Monitor*, April 27. Retrieved May 29, 2012, http://www.monitor.co.ug/SpecialReports/ugandaat50/-/1370466/1394816/-/uicvf8z/-/index.html.

Moore Memorial Public Library. 2007. The Texas City disaster: April 16 and 17, 1947. April 2. Retrieved January 13, 2009, from http://www.texascity-library.org/TCDisasterExhibit/index.html.

MSNBC. 2005. New Orleans major orders looting crackdown. Thousands feared dead from Katrina's wrath, stadium evacuation begins. September 1. Retrieved December 19, 2008, from http://www.msnbc.msn.com/id/9063708.

Mufson, Steven. 1997. Three gorges: China floods the Yangtze. *Washington Post*, November 9. Retrieved May 31, 2012, from http://www.washingtonpost.com/wp-srv/inatl/longterm/yangtze/yangtze.htm.

Naden, Corinne J. 1968. *The Haymarket affair, Chicago, 1886. The "great anarchist" riot and trial.* New York: Franklin Watts.

Nairobi Chronicle. 2008. Kenya-Uganda railway: A short history. August 9. Retrieved May 29, 2012, from http://nairobichronicle.wordpress.com/2008/08/09/kenya-uganda-railway-a-short-history/.

NASA. 2011. Sequence of major events of the *Challenger* accident. *Challenger* STS 51-L-Accident. Office of Communications. Retrieved March 10, 2011, from http://science.ksc.nasa.gov/shuttle/missions/51-l/docs/events.txt.

National Commission on Terrorist Attacks upon the United States. 2004. We have some planes. August 21. Retrieved December 19, 2008, from http://www.9-11commission.gov/report/911Report_Ch1.htm.

National Institute of Standards and Technology. 2004. Interim report on WTC 7. June 2004. Retrieved December 19, 2008, from http://wtc.nist.gov/progress_report_june04/appendixl.pdf.

National Weather Service. 2007. Tropical weather summary—2005 web final. January 25. Retrieved December 19, 2008, from http://www.nhc.noaa.gov/archive/2005/tws/MIATWSAT_nov_final.shtml.

National Weather Service, Paducah, Kentucky, Forecast Office. 2010. NOAA/NWS 1925 tri-state tornado web site—Startling statistics. March 2. Retrieved January 5, 2012, from http://www.crh.noaa.gov/pah/?n=1925_tor_ss.

Navarro, Peter. 2008. Earthquake repercussions spur rethinking of China's dam building strategy. *Asia-Pacific Journal: Japan Focus*, vol. 8, no. 12. Retrieved May 31, 2012, from http://japanfocus.org/-Peter-Navarro/2774.

Nelson, Stanley. 2004. The great Natchez tornado of 1840. *The Sentinel*, December 13. Retrieved November 21, 2011, from http://www.natchezcitycemetery.com/custom/webpage.cfm?content=News&id=75.

New York Times. 1906. Over 500 dead, $200,000,000 lost in San Francisco earthquake. Retrieved January 4, 2012, from http://www.nytimes.com/learning/general/onthisday/big/0418.html#article.

New York Times. 1916. Shark guards out at beach resorts. July 8. Retrieved January 3, 2012, from http://query.nytimes.com/mem/archive-free/pdf?res=F60A1FFE355B17738DDDA10894DF405B868DF1D3.

New York Times. 2005. Former FEMA director testifies before Congress. September 27. Retrieved December 19, 2008, from http://www.nytimes.com/2005/09/27/national/nationalspecial/27text-brown.html?pagewanted=all.

NOAA Celebrates. 2007. The great Galveston hurricane of 1900. August 31. Retrieved December 19, 2008, from http://celebrating200years.noaa.gov/magazine/galv_hurricane/welcome.html#pred.

Noe, Denise. 2008. The Olympics bombed. TruTV Crime Library. October 30. Retrieved from http://www.trutv.com/library/crime/terrorists_spies/terrorists/eric_rudolph/1.html.

Office of Governor Timothy M. Kaine. 2007. Report of the Virginia Tech Review Panel. December 12. Retrieved December 19, 2008, from http://www.governor.virginia.gov/TempContent/techPanelReport.cfm.

Office of Public Affairs. 2005. Department of Energy response to Hurricane Katrina. September 2. Retrieved December 19, 2008, from http://www.energy.gov/print/1707.htm.

Ohio Historical Society. 2006. November 9–11, 1913: Great Lakes Hurricane. Severe weather in Ohio. Retrieved January 12, 2009, from http://www.ohiohistory.org/etcetera/exhibits/swio/pages/content/1913_hurricane.htm.

Oklahoma National Memorial and Museum. 2011. One city, one nation, one resolve. Retrieved November 29, 2011, from http://www.oklahomacitynationalmemorial.org/.

Pararas-Carayannis, George. 2011. Chile earthquake and tsunami of 22 May 1960. Disaster Pages of Dr. Pararas-Carayannis. Retrieved January 3, 2012, from http://www.drgeorgepc.com/Tsunami1960.html.

Parker, Paul Edward. 2007. Tally of a tragedy: 462 were in the station on the night of fire. December 3. Retrieved December 19, 2008, from http://www.projo.com/extra/2003/stationfire/content/STATION_FIRE_LIST_12-03-07_QL81OLD_v55.2a82be5.html.

Patterson, John Henry. 1919. *The man-eaters of Tsavo*. London: Macmillan and Co., Ltd. Retrieved May 29, 2012, from http://robroy.dyndns.info/tsavo/tsavo.html#chap1.

Perrow, Charles. 1999. *Normal accidents: Living with high-risk technologies*. Princeton, NJ: Princeton University Press.

Perrow, Charles. 2007. *The next catastrophe: Reducing our vulnerabilities to natural, industrial, and terrorist disasters*. Princeton, NJ: Princeton University Press.

Petersen, Jim. 2005. The 1910 fire. *Evergreen Magazine*, winter edition 1994–1995. Idaho Forest Products Commission. Retrieved January 6, 2009, from http://www.idahoforests.org/fires.htm.

Plane crash info. 2007. Accident details. December 12. Retrieved December 19, 2008, from http://www.planecrashinfo.com/1933/1933-16.htm.

Preparation for Hurricanes. 2007. Hurricane Katrina. December 5. Retrieved December 19, 2008, from http://www.preparationforhurricanes.com/hurricanekatrina.html.

President's Commission on the Accident at Three Mile Island. 2006. Account of the accident. Wednesday, March 28, 1979. Retrieved December 19, 2008, from http://www.pddoc.com/tmi2/kemeny/wednesday_march_28_1979.htm.

PR Newswire US. 2006. Reliving the gripping tale of America's most catastrophic earthquake in National Geographic channel's the great quake. Two hours HD special marks the 100 year anniversary of the epic 1906 San Francisco earthquake the destroyed three quarters of the city. LexisNexis. March 27. Retrieved December 19, 2008, from http://www.lexisnexis.com/us/lnacademic/results/docview/docview.

do?docLinkInd=true&risb=21_T5398624577&format=GNBFI&sort=null&startDocNo=1&resultsUrlKey=29_T5398625929&cisb=22_T5398625928&treeMax=true&treeWidth=0&csi=8054&docNo=1.

Raimondo, Justin. 2005. Covering the tracks of the anthrax attacks. What, where, why—who. September 19. Retrieved January 15, 2009, from http://www.antiwar.com/justin/?articleid=7312.

Rainey, Sarah. 2011. Dambusters hero "killed by friendly fire." *The Telegraph*, October 10. Retrieved November 21, 2011, from http://www.telegraph.co.uk/news/newstopics/world-war-2/8817932/Dambusters-hero-killed-by-friendly-fire.html.

Richmond Then and Now. 2007. Richmond theatre fire—December 26, 1811. Two lovers perished together in the burning of Richmond theatre. December 5. Retrieved December 19, 2008, from http://richmondthenandnow.com/Newspaper-Articles/Richmond-Theatre-Fire.html.

Ricks, Truett A., Tillett, Bill G., and Van Meter, Clifford 1994. Principles of Security: Third Edition. Anderson Publishing Company, Cincinatti, Ohio.

Rodriguez, Havidan, Quarantelli, Enrico L., and Dynes, Russell R. 2007. *Handbook of disaster research*. New York: Spring Science + Business Media. "The role of geographic information systems/remote sensing in disaster management." In Havidan Rodriquez, Enrico L. Quarantelli, and Russell R. Dynes (eds.), *Handbook of disaster research*. New York: Springer.

Roy, Jennifer. 2008. Design flaw identified in Minnesota Bridge collapse. *Design News*, January 15. Retrieved January 14, 2009, from http://www.designnews.com/article/1790-Design_Flaw_Identified_in_Minnesota_Bridge_Collapse.php.

Rozell, Ned. 2009. Steward devastated during 1964 earthquake. Sit News: Stories in the News—Alaska Science. April 10. Retrieved February 1, 2012, from http://www.sitnews.us/0409news/041009/041009_ak_science.html.

Ruffman, Alan. 1996. The multidisciplinary rediscovery and tracking of "the Great Newfoundland and Saint-Pierre et Miquelon Hurricane of September 1775." Retrieved January 4, 2012, from http://cnrs-scrn.org/northern_mariner/vol06/tnm_6_3_11-23.pdf.

Schmid, Randolph E. 2005. Engrossing account of tragic 1888 blizzard. Associated Press. LexisNexis. January 31. Retrieved December 19, 2008, from http://www.lexisnexis.com/us/lnacademic/results/docview/docview.do?docLinkInd=true&risb=21_T5398594066&format=GNBFI&sort=RELEVANCE&startDocNo=1&resultsUrlKey=29_T5398594072&cisb=22_T5398594071&treeMax=true&treeWidth=0&csi=304478&docNo=1.

Schnirring, Lisa. 2007. CDC suspends work at Texas A&M biodefense lab. CIDRAP. July 3. Retrieved December 19, 2008, from http://www.cidrap.umn.edu/cidrap/content/bt/bioprep/news/jul0307bioweapons.html.

Schnirring, Lisa. 2008. Texas A&M fined $1 million for lab safety lapses. CIDRAP. February 21. Retrieved June 17, 2010, from http://www.cidrap.umn.edu/cidrap/content/bt/bioprep/news/feb2108biolab-jw.html.

Schreuder, Cindy. 1995. The 1995 Chicago heat wave. *Chicago Tribune*, July 13. Retrieved November 21, 1995, from http://www.chicagotribune.com/news/politics/chi-chicagodays-1995heat-story%2C0%2C4201565.story.

Schure, Teri. 2010. *Exxon Valdez* oil spill: 21 years later. June 15. Retrieved February 1, 2012, from http://www.worldpress.org/Americas/3571.cfm.

Sheahan, James, and Upton, George. 1871. *The great conflagration. Chicago: Its past, present and future*. Chicago: Union Publishing Company.

Siddaway, Jason M., and Petelina, Svetlana. 2009. Australian 2009 Black Saturday bushfire smoke in the lower stratosphere: Study with Odin/OSIRIS. Retrieved May 30, 2012, from http://www.thedaytheskyturnedblack.com/#/about-black-saturday/4542166439.

Solar Navigator. 2007. Hurricane Katrina. September 2005. December 5. Retrieved December 19, 2008, from http://www.solarnavigator.net/hurricane_katrina.htm.

Spektor, Alex. 2007. September 11, 2001 victims. December 18. Retrieved December 19, 2008, from http://www.september11victims.com/september11victims/STATISTIC.asp.

Steel, Fiona. 2008. The Littleton school massacre. TruTV. November 7. Retrieved January 15, 2009, from http://www.trutv.com/library/crime/notorious_murders/mass/littleton/index_1.html.

Sting Shield Insect Veil. 2008. Archive: 2004 AHB News reported in the media. October 28. Retrieved January 14, 2009, from http://www.stingshield.com/2004news.htm.

Stone, Jamie. 2006. The world's deadliest storms. Ezinearticles. October 24. Retrieved December 19, 2008, from http://ezinearticles.com/?The-Worlds-Deadliest-Storm&id=337559/

Stoss, Fred, and Fabian, Carole. 1998. Love Canal@25. University of Buffalo. August. Retrieved December 19, 2008, from http://library.buffalo.edu/libraries/specialcollections/lovecanal/about.html.

Struck, Doug, and Milbank, Dana. 2005. Rita spares cities, devastates rural areas. *Washington Post*, September 26. Retrieved March 6, 2009, from http://www.washingtonpost.com/wp-dyn/content/article/2005/09/25/AR2005092500335.html.

Suburban Emergency Management Project. 2004. The flawed emergency response to the 1992 Los Angeles Riots Part C. November 30. Retrieved January 13, 2008, from http://www.semp.us/publications/biot_reader.php?BiotID=144.

Sullivan, Casey. 2009. USS Squalus submarine tragedy, rescue was 70 years ago. *Herald Sunday*, May 24. Retrieved March 10, 2011, from http://www.hampton.lib.nh.us/hampton/history/ships/usssqualus/USS_Squalus_70yearsagoHS20090524.htm.

Sunshine Project. 2007. Texas A&M University violates federal law in biodefense lab infection. April 12. Retrieved December 19, 2008, from http://www.sunshine-project.org/publications/pr/pr120407.html.

Tan, Kenneth, Washburn, Dan, Chorba, Pete, and Sandhaus, Derek. 2012. Earthquake 7.9 on Richter scale hits Sichuan, tremors felt across China, more than 10,000 dead, thousands more trapped under rubble. *Shanghaiist*. Retrieved May 31, 2012, from http://shanghaiist.com/2008/05/12/earthquake-hits-wenchuan-sichuan.php.

Texas A&M University. 2009. Engineering ethics—Negligence and the professional "debate" over responsibility for design." Department of Philosophy and Department of Mechanical Engineering. Retrieved November 23, 2011, from http://ethics.tamu.edu/ethics/hyatt/hyatt1.htm.

Texas State Historical Association. 2001. Indianola hurricanes. June 6. Retrieved December 19, 2008, from http://www.tshaonline.org/handbook/online/articles/II/ydi1.html.

Texas State Historical Association. 2002. Galveston hurricane of 1900. March 8. Retrieved December 19, 2008, from http://www.tshaonline.org/handbook/online/articles/GG/ydg2.html.

Thevenot, Brian, and Russell, Gordon. 2005. Report of anarchy at Superdome overstated. September 26. Retrieved December 19, 2008, from http://seattletimes.nwsource.com/html/nationworld/2002520986_katmyth26.html.

Think Progress. 2007. Katrina's timeline. December 7. Retrieved December 19, 2008, from http://thinkprogress.org/katrina-timeline.

Thomas, Deborah S.K., Ertugay, Kivanc, and Kemec, Serkan. 2007.
Three Mile Island Alert. 2007. Three Mile Island nuclear accident, March 28, 1979. November 26. Retrieved December 19, 2008, from http://www.tmia.com/accident/28.html.
Tilling, Robert, Lyn, Topinka, and Swanson, Donald. 1990. Eruptions of Mount St. Helens: Past, present, and future. U.S. Geological Survey Special Interest Publication. December 27. Retrieved December 19, 2008, from http://vulcan.wr.usgs.gov/Volcanoes/MSH/Publications/MSHPPF/MSH_past_present_future.html.
Timberline Drive Bed & Breakfast. 2007. All about Girlwood, Alaska. October 19. Retrieved December 19, 2008, from http://www.timberlinedrivebnb.com/girlwood.html.
Times Picayune. 2005a. The latest news from the *Times Picayune*. August 28. Retrieved December 19, 2008, from http://www.nola.com/newslogs/breakingtp/index.ssf?/mtlogs/nola_Times-Picayune/archives/2005_08_28.html#074657.
Times Picayune. 2005b. Evacuations to hotels come with own set of hazards. August 20. Retrieved December 19, 2008, from http://www.nola.com/hurricane/t-p/katrina.ssf?/hurricane/katrina/stories/083005_a15_hotels.html.
Tornado Project. 2007a. The top ten U.S. killer tornadoes. December 12. Retrieved December 19, 2008, from http://www.tornadoproject.com/toptens/toptens.htm.
Tornado Project. 2007b. The top ten U.S. killer tornadoes. December 12. Retrieved December 19, 2008, from http://www.tornadoproject.com/toptens/2.htm#top.
Townsend, Mark, Helmore, Edward, and Borger, Julian. 2005. U.S. relieved as Rita rolls past: She was no Katrina, but there are still millions stranded, four days of torrential rain expected and growing anger over the evacuation. *The Observer*. LexisNexis. Retrieved September 25, 2008, from http://www.lexisnexis.com/us/lnacademic/results/docview/docview.do?docLinkInd=true&risb=21_T5398588214&format=GNBFI&sort=RELEVANCE&startDocNo=1&resultsUrlKey=29_T5398588217&cisb=22_T5398588216&treeMax=true&treeWidth=0&csi=143296&docNo=1.
Turmoil and Fever. 2007. Lois Gibb. Environmental activist. Retrieved October 2007 from http://www.heroism.org/class/1970/gibbs.html.
United Press International. 1996. Anniversary of nation's deadliest fire. October 2. Retrieved December 29, 2008, from http://www.lexisnexis.com/us/lnacademic/results/docview/docview.do?docLinkInd=true&risb=21_T5398571217&format=GNBFI&sort=RELEVANCE&startDocNo=1&resultsUrlKey=29_T5398571222&cisb=22_T5398571221&treeMax=true&treeWidth=0&selRCNodeID=49&nodeStateId=411en_US,1,46,17&docsInCategory=29&csi=8076&docNo=1.
University of Buffalo Libraries. 2007. Love Canal collection. October 5. Retrieved December 19, 2008, from http://ublib.buffalo.edu/libraries/projects/lovecanal/introduction.html.
University of Texas at Austin. 2006. Historic fires. December 13. Retrieved December 19, 2008, from http://www.utexas.edu/safety/fire/safety/historic_fires.html.
Uranium Information Centre Ltd. 2001. Three Mile Island: 1979. March. Retrieved December 19, 2008, from http://www.uic.com.au/nip48.htm.
USCG Stormwatch. 2007. Coast Guard response to Hurricane Katrina. June 7. Retrieved December 19, 2008, from http://www.uscgstormwatch.com/go/doc/425/119926/.
USDA Forest Service. 2007. Mount St. Helens national volcanic monument. November 1. Retrieved December 19, 2008, from http://www.fs.fed.us/gpnf/mshnvm/education/teachers-corner/library/pre-eruption-0322.shtml.

U.S. Department of Commerce, National Oceanic and Atmospheric Administration. 2012. Eighteenth century Virginia hurricanes. Retrieved January 4, 2012, from http://www.hpc.ncep.noaa.gov/research/roth/va18hur.htm.

U.S. Department of Energy. 2005. Hurricane Katrina situation report #1. August 30. Retrieved December 19, 2008, from http://www.oe.netl.doe.gov/docs/katrina/katrina_083005_1600.pdf.

U.S. Department of Health and Human Services. 2007. Hurricane Katrina. August 27. Retrieved December 19, 2008, from http://www.hhs.gov/disasters/emergency/naturaldisasters/hurricanes/katrina/index.html.

U.S. Department of the Interior. 2007a. A roar like thunder. December 12. Retrieved December 19, 2008, from http://www.johnstownpa.com/History/hist19.html.

U.S. Department of the Interior. 2007b. Hurricane Katrina photographs: August 30, 2005. October 4. Retrieved December 19, 2008, from http://www.nwrc.usgs.gov/hurricane/post-hurricane-katrina-photos.htm.

U.S. Department of the Interior. 2011. Historic earthquakes—Prince William Sound Alaska—1964 March 28 03:36 UTC—1964 March 27 05:36 p.m. local time—Magnitude 9.2. Retrieved February 1, 2012, from http://earthquake.usgs.gov/earthquakes/states/events/1964_03_28.php.

U.S. Department of the Interior, National Parks Service. 2010. 1906 earthquake: Law enforcement. September 4. Retrieved January 4, 2012, from http://www.nps.gov/prsf/historyculture/1906-earthquake-law-enforcement.htm.

U.S. Department of Justice. 1995. Occidental to pay $129 million in Love Canal settlement. Document 95638. December 21. Retrieved December 19, 2008, from http://www.usdoj.gov/opa/pr/Pre_96/December95/638.txt.html.

U.S. Government Accountability Office. 2006. Coast Guard: Observations on the preparation, response, and recovery. Missions related to Hurricane Katrina. July. Retrieved December 19, 2008, from http://www.gao.gov/new.items/d06903.pdf.

USGS. 2005. Mount Saint Helens—From the 1980 eruption to 2000. U.S. Geological Survey Fact Sheet 036-00, online version 1.0. Retrieved March 5, 2009, from http://pubs.usgs.gov/fs/2000/fs036-00/.

USGS. 2006. The great 1906 San Francisco earthquake. November 6. Retrieved December 19, 2008, from http://earthquake.usgs.gov/regional/nca/1906/18april/index.php.

USGS. 2007. Historic earthquake. U.S. Department of the Interior. January 24. Retrieved December 19, 2008, from http://earthquake.usgs.gov/regional/states/events/1964_03_28.php.

USGS. 2008. Historic earthquake. U.S. Department of the Interior. July 16. Retrieved January 13, 2009, from http://earthquake.usgs.gov/regional/world/events/1960_05_22.php.

USGS. 2009. Plate tectonics and people. Retrieved March 4, 2009, from http://pubs.usgs.gov/gip/dynamic/tectonics.html.

USGS. 2010. Mount St. Helens precursory activity April 12–25, 1980. Retrieved January 3, 2012, from http://vulcan.wr.usgs.gov/Volcanoes/MSH/May18/MSHThisWeek/412425/412425.html#423.

USGS. 2012. Mount St. Helens precursory activity March 15–21, 1980. Retrieved January 3, 2012, from http://vulcan.wr.usgs.gov/Volcanoes/MSH/May18/MSHThisWeek/31521/31521.html.

USGS Newsroom. 2004. 40th anniversary of Good Friday earthquake offers new opportunities for public and building safety partnership. U.S. Department of Interior, U.S. Geological Survey. March 26. Retrieved December 19, 2008, from http://www.usgs.gov/newsroom/article.asp?ID=106.

U.S. News Rank. 2012. 1906 San Francisco earthquake. News Rank. Retrieved January 4, 2012, from http://www.usnewsrank.com/1906-san-francisco-earthquake.html.

U.S. Nuclear Regulatory Commission. 2007. Fact sheet on the Three Mile Island accident. February 20. Retrieved December 19, 2008, from http://www.nrc.gov/reading-rm/doc-collections/fact-sheets/3mile-isle.html/.

U.S. Nuclear Regulatory Commission. 2011. Backgrounder on the Three Mile Island accident. Retrieved December, 2, 2011, from http://www.nrc.gov/reading-rm/doc-collections/fact-sheets/3mile-isle.html.

Vervaeck, Armand, and Daniell, James. 2011. The May 12, 2008 deadly Sichuan earthquake—A recap 3 years later. *Earthquake Report*, May 10. Retrieved May 31, 2012, from http://earthquake-report.com/2011/05/10/the-may-12-2008-deadly-sichuan-earthquake-a-recap-3-years-later/.

Victoria Internet Providers. 2007. Texas settlement region. December 2. Retrieved December 19, 2008, from http://www.texas-settlement.org/markers/goliad/.

Virtual Museum of the City of San Francisco. 2012. 1906 San Francisco earthquake exhibit. Retrieved January 4, 2012, from http://www.sfmuseum.org/1906.2/arson.html.

Wald, Matthew. 2008. Faulty design led to Minnesota bridge collapse, inquiry finds. *New York Times*, January 15. Retrieved January 14, 2009, from http://www.nytimes.com/2008/01/15/washington/15bridge.html.

Washington Post. 1997. The other great fire of 1871. LexisNexis. November 8. Retrieved December 19, 2008, from http://www.lexisnexis.com/us/lnacademic/results/docview/docview.do?docLinkInd=true&risb=21_T5398559146&format=GNBFI&sort=RELEVANCE&startDocNo=1&resultsUrlKey=29_T5398559150&cisb=22_T5398559149&treeMax=true&treeWidth=0&selRCNodeID=368&nodeStateId=411en_US,1,364&docsInCategory=6&csi=8075&docNo=3.

Washington Post. 1999. Three Mile Island. Retrieved December 19, 2008, from http://www.washingtonpost.com/wp-srv/national/longterm/tmi/gallery/photo1.htm.

Watkins, Thayer. 2012. The catastrophic dam failures in China in August 1975. Retrieved May 30, 2012, from http://www.sjsu.edu/faculty/watkins/aug1975.htm.

Watson, John F. 1812. Richmond theater fire, 1811. Record 1044058740A037A0. Philadelphia: American Antiquarian Society and Newsbank.

Weather Channel Interactive. 2007. 1900 Galveston hurricane. Part 2. Disaster waiting to happen. December 12. Retrieved December 19, 2008, from http://www.weather.com/newscenter/specialreports/sotc/storm4/page2.html (new link: The 1900 Storm).

Wicker, Tom. 1982. In the nation, a mighty mystery. *New York Times*. LexisNexis. August 22. Retrieved December 19, 2008, from http://www.lexisnexis.com/us/lnacademic/results/docview/docview.do?docLinkInd=true&risb=21_T5398545928&format=GNBFI&sort=RELEVANCE&startDocNo=1&resultsUrlKey=29_T5398545938&cisb=22_T5398545937&treeMax=true&treeWidth=0&selRCNodeID=38&nodeStateId=411en_US,1,37&docsInCategory=29&csi=6742&docNo=6.

Willow Bend Press. 2007. The Hartford Circus fire July 6, 1944. Retrieved January 12, 2009, from http://www.hartfordcircusfire.com/background.htm.

World Health Organization. 2012. Pocket emergency tool. Retrieved January 4, 2012, from http://www.wpro.who.int/nr/rdonlyres/e1c1dbff-82ea-45ff-bac7-9666480e28cc/0/who_oct1.pdf.

World Nuclear Association. 2012. Chernobyl accident 1986. World Nuclear Association. April. Retrieved May 30, 2012, from http://www.world-nuclear.org/info/chernobyl/inf07.html.

Xinhua. 2005. After 30 years, secrets, lessons of China's worst dams burst accident surface. The People's Daily Online. October 1. Retrieved May 31, 2012, from http://english.people.com.cn/200510/01/eng20051001_211892.html.

Zasky, Jason. 2008. Fire trap. The legacy of the Triangle Shirtwaist fire. *Failure Magazine*, September 24. Retrieved January 6, 2009, from http://www.failuremag.com/arch_history_triangle_fire.html.

Zeman, David. 1999. A ghost of the University of Texas: Tragic tower will reopen. *Detroit Free Press*. LexisNexis. September 1. Retrieved December 19, 2008, from http://www.lexisnexis.com/us/lnacademic/results/docview/docview.do?docLinkInd=true&risb=21_T5398518787&format=GNBFI&sort=RELEVANCE&startDocNo=1&resultsUrlKey=29_T5398518790&cisb=22_T5398518789&treeMax=true&treeWidth=0&selRCNodeID=75&nodeStateId=411en_US,1,75&docsInCategory=83&csi=222065&docNo=5.

Zhao, Xu. 2012. Interview with, May 30. Senior institutional research associate, the University of Texas at Dallas.

Zuesse, Eric. 1981. Love Canal. The truth seeps out. *Reason Magazine*, February. Retrieved December 19, 2008, from http://www.reason.com/news/show/29319.html.